Osprey Combat Aircraft

P-61 Black Widow Units of World War 2

Warren Thompson

Osprey Combat Aircraft

オスプレイ軍用機シリーズ
37

第二次大戦の
P-61ブラックウィドウ

部隊と戦歴

[著者]
ウォーレン・トンプソン

[訳者]
苅田重賀

大日本絵画

カバー・イラスト／イアン・ワイリー
カラー塗装図とノーズアート集／マーク・スタイリング
フィギュア・イラスト／マイク・チャペル
スケール図面／マーク・スタイリング

カバー・イラスト解説
闇夜に敵に忍び寄るP-61ブラックウィドウ、「ザ・スプーク」が、雲の層になんとか隠れようとする一式陸攻を全火力で攻撃する。この機体は硫黄島を基地とする第548夜間戦闘飛行隊の所属で、搭乗員はメルヴィン・ボード中尉とエイヴリー・J・ミラー中尉(レーダー手)だった。ノースロップ社製の重武装戦闘機の搭乗員は太平洋上空の広大な闇に潜み、前線の連合軍の航空基地の防御を突破しようとする日本の爆撃機を不意打ちしようと待ち伏せしていた。この強力な全面ブラックの戦闘機はどんな敵機に出会っても追いつくのに十分な馬力があり、12.7mm機銃4門と20mm機関砲4門の武装は一旦、目標を捕捉すれば、速やかに撃墜できた。事実、太平洋で記録された撃墜のほとんどは非常に短時間で行われたため、敵機の搭乗員は何にやられたのかを知らないことが多かった。一式陸攻はブラックウィドウ部隊の「好物」だった。P-61の20mm機関砲がその無防備な燃料タンクに命中すると、目を見張るような爆発を起こしたのである。

凡例
■本書に登場する米側の主な組織の邦語訳は以下の通りである。
米陸軍航空隊(USAAF＝United States Army Air Force，Army Air Force)
Air Force→航空軍、Wing→航空団、Group→航空群、Squadron→飛行隊、Flight→小隊。

翻訳にあたっては「P-61 Black Widow Units of World War 2」の2000年に刊行された版を底本としました。

目次 contents

6	1章	**戦闘への序曲** prelude to combat
15	2章	**ヨーロッパ戦域** european theatre
52	3章	**地中海戦域** mediterranean theatre
58	4章	**太平洋戦域** pacific theatre
83	5章	**中国・ビルマ・インド戦域** china/burma/india theatre

93	**付録** appendices
97	P-61の公認撃墜戦果
34	**ノーズアート集** nose art
98	ノーズアート集解説
37	**カラー塗装図** colour plates
101	カラー塗装図 解説
47	**乗員の軍装** figure plates
105	乗員の軍装 解説

chapter 1

戦闘への序曲
prelude to combat

　何千年もの間、戦争は繰り返し行われてきたが、すべてではないにせよ、ほとんどの戦闘行為は昼間の時間帯だけに行われた。夜はいつも休息と再編成の時間をもたらしていたようである。しかし、航空機の発明とともに、新しい戦術が発展し始めた。ただし、航空機を夜間戦闘に使用する技術が成熟し始めるのは1930年代中頃になってからである。

　平和な時代の最後の数年間にこの技術を完成させた功績の大部分は英国空軍（RAF）とドイツ空軍が自分たちのものだと主張しなければなるまい。二度目の世界大戦勃発が現実味を帯びてくる中で、夜間に敵に大きな損害と破壊を与える能力は著しく高まっていた。これは戦争遂行における新たな局面であり、アメリカ合衆国は当初はそのオブザーバーにすぎなかった。

　早くも1940年にはノースロップ社が、この新たな夜の闘技場で戦える航空機のデザインを率先して提出した。出来上がったのは第二次世界大戦で

カリフォルニア州北部の山岳地帯上空でさまざまな試験を行うYP-61の姿である。試作型であるYP-61は13機が製作され、非常に重要な情報を提供した。それらはP-61Aに取り入れられることになる。最初のYP-61が飛行したのは1943年8月6日だった。
(Nick Williams)

上2葉●この写真はブラックウィドウがどれほどの火力をもっていたかを理解する視覚的な手掛かりである。機銃と機関砲は数百フィート先で収束するように設計されており、恐るべき弾幕となった。これはノースロップ社で行われたテストの写真である。
(Roy Wolford)

最大級の戦闘機であり、そして、当時出現したこの種の航空機でもっとも破壊力のある機体だった。

ノースロップ社が夜間戦闘機の市場に出した新製品は、全金属製の双胴、双尾翼の単葉機だった。その大きさについていえば、戦闘機よりも中型爆撃機にふさわしい寸法をもった機体だった。重量はP-51の3倍、そしてP-47のほぼ2倍だった。P-61は2000馬力を発するプラット・アンド・ホイットニーR-2800エンジン2基を装備し、戦闘行動半径は1000マイル（1600km）以上と余裕があって広範囲を守備し、即座に高速で迎撃任務を行うことが可能だった。また、その「脚の長さ」のおかげで、P-61は常に単独で任務を行った。

ブラックウィドウの最初の生産機は0.5インチ（12.7mm）機銃4門を収めた上部銃塔と胴体下面のフェアリング内に20mm機関砲4門を装備していた。この火力と新型のレーダーの組合せは夜間飛行するいかなる敵機にも災厄をもたらすことになったのである！

本書のテーマはP-61であり、そしてP-61が戦場においてどのような成果を成し遂げたかである。我々は「思わず夢中になる」ような昼間のドッグファイトについての体験談を数多く読んできたし、そのパイロットたちが見たも

真新しいP-61A-10が1列に並び、壮観である。場所はカリフォルニア州ホーソーンのノースロップ社組立工場の外である。100機ちょうどのA-10が生産され、そのほとんどが実戦に使用された。すぐ背後にカモフラージュ用ネットが有ることにも注目。(Northrop)

のを思い描くことは容易なことである。飛ぶ時には空は晴れ渡り、見渡す限りの視界が開けているというのは、いつも当たり前のように思われている。しかし、夜間戦闘機の場合はそうではないのだ。

　墨を流したような暗闇の中、高度2500フィート(760m)で目標を捕捉し、視認するために接近すると、敵のパイロットが急激な回避運動を始めて、高高度から低高度までのあらゆる高度で激しい格闘戦になってしまう、ということがどんなことなのか想い描くのは難しい。戦闘の間、パイロットが獲物の手掛かりを得るのは彼のレーダー手の目を通してだけなのだ。レーダー手は小さなレーダースクリーンに見えるものを言葉に変えてパイロットに伝えるのである。

　20分間の追撃の最後にはパイロットの前方800フィート(240m)に目の眩む火の玉が現れるかも知れない。爆発の結果の飛び散る破片に自分自身がやられてしまわないよう機体を引き起こすには3、4秒しかないだろう。真っ暗な何も見えない虚空で戦う場合、迎撃任務の結果は第一に地上迎撃管制員の能力にかかっていた。そして、いったん、「ボギー」[※1]がP-61の機上レーダースコープに現れれば、パイロットとレーダー手の意思疎通にかかっていた。

　どの撃墜記録もそれぞれに独特である。出撃報告は退屈な繰り返しで興奮などないように見える。しかし、そんな印象は紙の上だけだと思って間違いない。それらの出撃は

「ザ・マエストロ」。ジョン・W・マイヤーズはP-61計画におけるノースロップ社のチーフ・テストパイロットだった。彼は知識と技術とをもって前線に向かい、若い夜戦パイロットたちにこの機体から最大限の性能を引き出す方法を示した。彼のデモンストレーション飛行を体験した者たちは、今日でもなお、それを鮮明に記憶している。(John W Myers)

中央胴体下部に納められた20mm機関砲4門が発射試験の前に調整されている。この写真が撮影されたのはカリフォルニア州のノースロップ社工場で、このP-61が生産ラインから出てきた直後である。(Northrop)

それぞれに異なっており、そのほとんどは戦闘を行った搭乗員にとって苛立たしい経験だったのだ。もし、太陽の光があれば、戦闘の結果はもっと印象的だっただろう！ "The Development and Production of Fighter Aircraft (TSEST-A7)（戦闘機の開発と生産）"に掲載された記録によれば、P-61は非常に操縦性が良く、アメリカ陸軍航空隊のどの機体よりも良かったと認められている。昼間戦闘機としても「主役」になれたかも知れないのだ。しかし、その役割はこの高度に特殊化した機体が開発された目的ではなかった。したがって、昼間に敵戦闘機と遭遇することは非常に少なかったのだが、その数少ない事例のいくつかは本書で詳細に紹介されている。

夜間に「ボギー」が爆発するのは印象的なのだが、それでも搭乗員たちは彼らが発射した20mm機関砲弾が目標にどんな打撃を与えているのかを目の当たりにすることはできなかった。キャロル・スミス少佐（7機撃墜のアメリカ陸軍航空隊の夜間戦闘機トップエース）は昼間に敵機撃墜を報じた数少ないパイロットのひとりである。第4章では、彼の攻撃目標（日本軍の四式

この写真ではXP-61に装備された4門の0.50インチ(12.7mm)機銃がよくわかるように、銃塔のカバーが取り外されている。この写真が撮影されたのはブラックウィドウの運用試験の初期である。(Gerald Balzer)

ブラックウィドウをその当時の最も恐るべき夜間戦闘機に仕上げた主要な人物、すなわち、ノースロップ社の優秀なテストパイロット4人がアイドリングしているP-61Aの前に並んでいる。左から右に向かって、ジョン・W・マイヤーズ、マックス・スタンリー、ハリー・クロスビー、そして、アレックス・パパナである。クロスビーは後にXP-79の初飛行で死亡することになる。キャノピー側面の開いたハッチからこちらを見ている人物がいることにも注目。(Northrop)

戦)が20mm機関砲の斉射の後、彼の目の前でどのようにバラバラになったかが語られている。

　1942年12月から1945年8月の間にアメリカ陸軍航空隊は3万5000名の昼間戦闘機パイロットを養成した。それに比較して、同じ期間にわずか485組の夜間戦闘機搭乗員が養成されただけである。昼間戦闘機パイロットでは、養成期間のほとんどは個々のパイロットの技量と集団で作戦する能力を磨くために費やされる。夜間戦闘機の搭乗員の場合はその反対だった。搭乗員はそれぞれの専門分野で実力があることが求められたが、この夜空の戦士たちが成功を手にするかどうかはいかに良くチームとして機能できるか次第だった。そして、彼らの存在そのものがそのチームワークにかかっていたのだ。

　P-61Aが前線に届き始めると、看過できない問題が発生したのだが、それは前もって予見できていなかった。若いパイロットたちはこの大重量の新型戦闘機を信頼できず、特に低高度と離陸時の片発でのP-61の性能について懸念を口にしたのだ。この問題はひどく大きくなり、戦闘で搭乗員たちの作戦能力に悪影響を及ぼしていた。しかし、この問題の解決策は単純であった。それはノースロップ社の最も熟練したテストパイロット、ジョン・W・マイヤーズという人物だった。彼は天賦の才能に大いに恵まれた飛行士であり、ブラックウィドウをまるで軽快なホットロッドのように「乗り回す」ことができた。彼は前線のパイロットたちを安心させるために行った手法を以下のように語った。

　「我々はブラックウィドウに好意的ではない場所に出かけていかなければならなかった。私自身の目的はこの破壊力抜群の兵器(リーサル ウェポン)を歴史上最も操縦が優しく、最も『寛大な』飛行機であると認識させることだった。そして、それは闇夜を飛行することになる若者たちに、我々が提供できるすべての快適さとすべての技術が彼らのものだということを証明することになった。その

プログラムはこうだった。2人の技術要員、ダニー・コリンズとスコット・ジョンソンがある島のある基地で最初の機体が再組立てされるのを監督した数日後に、私がその基地へ行く。そして、ひとりのパイロットを私の後ろの銃手席に座らせて、私がその機体を飛ばすのだ。その後、席を交代し、彼が操縦し私が同乗する。その飛行隊の3、4人のパイロットと何度かこれをやって、また別の飛行隊に出向くというわけだ。

「あの若者たちが重量35000ポンド(15890kg)の機体(あの当時では怪物だった)は操縦性が良くないと思ったのも自然なことだった。それに、エンジンが片方停止した時に操縦不能になるのではないかという不安も大きかった。それで、私は練習をしておいた、ちょっと『これ見よがしの』飛行をやって見せたのだ。それは3分間の飛行だった。非常に短距離の滑走で離陸した後、(速度計の)レッドラインの420mph(675km/h)で地面すれすれに降下し、インメルマンをやってまた低空に戻る。この機動を終える際、降下中に片方のエンジンを切ってプロペラをフェザー状態にし、地面すれすれで停止しているエンジンの側へ緩横転を二度、そして(滑走路に)アプローチして短距離で着陸する……」

このデモンストレーション飛行の後、パイロットたちは自分たちの飛行機を無敵だと見なすようになり、それまで抱いたことのない自信をもって飛ぶようになったのである!

マイヤーズは彼のデモンストレーションを目撃する幸運に恵まれた多くのパイロットの心に一生残る印象を与えた。マーク・マーティン大尉は第6夜

1944年後半にはノースロップ社は生産ペースをかなりのレベルに上げていた。この生産ラインの写真には1個夜間戦闘飛行隊を装備するのに十分なP-61Bが写っている。(Roy Wolford)

XP-61の操縦席を広角レンズで撮影した写真である。生産開始に至るまでに、平面ガラスの風防など、コクピットには多くの改修が加えられることになる。(Roy Wolford)

ブラックウィドウの中央胴体後部にはレーダー手席があった。この写真は1945年春にハマーフィールド基地で撮影されたもので、P-61Bのレーダー手席を示している。(Bob Hughes)

間戦闘飛行隊に所属し、「ミッドナイト・ベル」[※2]と名づけた愛機を飛ばしたパイロットだった。彼は戦争が終わって何年も経ってからマイヤーズに宛てた手紙の中で以下のように書いている。

「……何はさておき、オアフ島のキパパ飛行場で我々第6夜間戦闘飛行隊が最初のP-61を受領した時に、あなたが私を乗せて実演してくれたデモンストレーション飛行について改めてお礼を述べたく思います。特に記憶に残っているのが、海軍戦闘機の小隊を見つけた時のことです。彼らの高度まで急降下し、片方のエンジンをフェザー状態にしてグラマンF4Fを追い越しましたね。それも緩横転をやりながらでした!」

ロバート・D・サム中尉は第549夜間戦闘飛行隊に配属されて硫黄島からこのノースロップ社製の戦闘機で出撃することになるのだが、彼はカリフォルニアの基地で高等訓練の終了間近に初めてP-61を見た時の印象を以下のように回想する。

「とにかく、私たちはP-61には大いにガッカリしました。この『極秘の新鋭夜間戦闘機』は最高にホットで最高速度も他と比べて1番だと思い込まされていたんです。P-38より速くて、どんな単発戦闘機より操縦性が良いってね! 最初の1機が届いた時には、のろくて不恰好な機体に見えました。私たちが夢見ていたよ

キャノピーが取り外されているため、XP-61の銃手席全体がよくわかる。照準装置と銃手の正面にある装甲板に注目して欲しい。(Northrop)
[訳注：写真中央の白い板には "DUMMY PLATE" と記されている]

うな粋な黒い弾丸には全然見えなかったんです！ 明らかに、私たちの態度は誰かさんの注意を引きました。ある日、1機のP-61が私たちの基地に着陸して、コクピットの梯子から背の高い、ひょろっとした感じの民間人らしき人物が降りてきました。彼こそ他でもないジョン・マイヤーズ、ノースロップのチーフテストパイロットだったんです。私たちは民間人の服装をして軍用機を飛ばす人間には誰であろうと用心していました。私たちは彼と搭乗員待機室で面会しました。彼はこういったんです、P-61の能力を全部引き出すにはどうするか示すためにここにきた。そして、君たちはP-61を戦闘機らしく飛ばさなくちゃ駄目だ、爆撃機みたいじゃなく！ と。

「私たちが目の当たりにした最初のデモフライトで、彼が並のパイロットじゃないことがわかりました……彼は最高だったんです！ 彼は信じられないくらい短い滑走で機体を地面から持ち上げると、いきなり上昇し、脚を仕舞い込むやいなや急上昇に移りました。彼はすぐに視界から消えましたが、次に現れた時には両方のプロペラをフェザー状態にして急角度で滑走路に進入してきたんです！ 500フィート（150m）ほどで着陸すると、びっくり仰天している私たちのところに滑走してきて、顔面蒼白の小隊長を降ろしました。

「私の番がくると、彼はタキシングしながら、シートベルトをしっかり締めておくようにと指示をくれました。マイヤーズは私にこういいました。『君たちはこれが戦闘機だってことを覚えておかなくちゃいかんよ。こいつは今までに生産された飛行機の中で、最も安全で、最も近代的なんだ。それに、プラット・アンド・ホイットニーR-2800も世界で一番優秀なエンジンなんだ。エンジンを甘やかしちゃ駄目だぜ。限界まで使うんだ。もしどうしても必要な場合には、フルパワーを出し続けろよ。それでもこのエンジンは壊れたりしな

い。この飛行機の実力を全部絞り出せ。そうしたって怪我なんかしないから！』。

「それから彼はエンジンを全開にして、ブレーキを離しました。時速100マイル（160km/h）に達したところで機首を起こし、エンジンを全開にしたまま脚を引き込むと機首を真上に向けました（そう感じたんです）。私たちは最大上昇率での上昇をやったんです。記憶では、時速130マイル（210km/h）ぐらいだったと思います。それから、彼はその全力での上昇の途中で左のエンジンを切り、その停止しているエンジンの方へ横転を1回やりました！彼は機体を水平にすると、まだ左のエンジンは停止したままで、停止しているエンジンの方向へ私がそれまで体験したことのなかった急旋回に移行しました。P-61はガタガタ振動し、失速して機首を下げたけど……、彼はそれでも操縦桿を力一杯引き続けていました。機体はというと、文句をいい、身を震わせ、飛行速度を稼ぐために自動的に機首を下げただけでした。その後、彼は片発で宙返りをしてから、右のエンジンも切り、その滑空の静寂の中で機体を宙返りさせ、ロールさせました。そして、いよいよ着陸への最終進入です。彼は時速90マイル（145km/h）で進入して、──両方のエンジンを止めたままですよ──、滑走路へなめらかに着陸し、1000フィート（300m）足らずで滑走を終えました。私たちはみんな、信者になってしまったというわけです」

ブラックウィドウの開発と試験、そして生産開始のためには15機の機体が必要だった。XP-61が2機製作され、さらに13機のYP-61が製作された。これらの機体はすべて、非常に複雑な試験および評価制度に供された。エグリン基地のテストチームは何事も偶然にまかせたりしなかった。この機体の必要性が大きかったためとノースロップ社と陸軍航空隊が楽観的な見通しを示したために、最終テストが終了する前にブラックウィドウの生産が始まっていた。その結果、初期の生産型は、生産ラインの途中でいくつかの改修を施されることになる。

約200機のP-61Aが生産され、続いて450機のP-61Bが生産された。後者は、すべてではないにしろ、機体のほとんどの不具合（バグ）が解決されていて、戦争終結まで目覚ましい活躍をすることになる。第二次世界大戦が終了した時には、C型の生産が始まっていたが、アメリカ本土以外では使用されなかった。日本が降伏を宣言した時には、ノースロップ社は日本を爆撃するB-29のための長距離護衛戦闘機を本格的に開発している最中だった。しかし、対日戦勝利の余波の中で、未完成の設計作業もC型の生産も速やかに中止された。

訳注
※1：ボギーは敵機の可能性が高い敵味方不明機、または敵機を意味する俗語。
※2：Midnight Belle（真夜中の美女）。

chapter 2
ヨーロッパ戦域
european theatre

　連合軍がDデイに向けて膨大な戦力を集積し、部隊を集結させる中で、ある新型戦闘機が第9航空軍で実戦配備された。その戦闘機はほぼ3年間の設計開発と試験の結果であり、敵が所有していた、あるいは戦争終結までに所有するどの機体よりもはるかに良くその任務を果たすことになる。それがP-61ブラックウィドウであった。

　夜間戦闘という戦場に欠員が有り、それを緊急に埋める必要性があるとイギリス空軍が感じたのは、1940年末の荒涼とした日々にまで遡る。その頃、ドイツ空軍はほとんど抵抗を受けることなくイギリスの重要な目標に対して夜間空襲を行っていたのだ。ノースロップ社はヨーロッパでの事態の展開に危機感を抱き、即座に開発計画に着手した。その時点でアメリカが戦争に引き込まれる兆候はなかったのだが、それでもアメリカ陸軍航空隊はその種の機体の必要性を認めた。ノースロップ社にはそれで十分だった。

　アメリカが真珠湾で壊滅的な打撃を受ける何カ月も前にイギリス空軍の高官がカリフォルニア州のノースロップ社の工場を訪れ、自分たちの戦闘経験をノースロップ社の設計者たちに伝えた。設計者たちはP-61を設計するに当たって、その時に聞いたことをしっかりと考慮に入れた。

　ブラックウィドウが実戦配備される1年前には、A-20ハボックが「一時しのぎ」の夜間戦闘機に改修されている。夜間戦闘機型ハボックの大部分が使用されたのも、戦果をあげたのももっぱら太平洋戦線だったが、ヨーロッパでも多数が使用された。

　P-61Aの第1陣がヨーロッパ戦域に到着すると、2個の夜間戦闘飛行隊がブラックウィドウを装備して、戦術任務に特化した第9航空軍の指揮下に置かれた。両飛行隊とも徐々に定数のブラックウィドウが配備され、イギリスの基地から戦闘に投入されることになる。これらの部隊はDデイがやってくる頃には完全に機材がそろって作戦可能になっていることが期待されていたが、そうはならなかった。いくつかの、ちょっとした出来事で遅れたため、P-61Aが戦闘

夜間戦闘機エースのポール・A・スミス中尉が彼の「レディ・ジェーン」の側でポーズを取る。場所はフランスのエタンにあった第422夜間戦闘飛行隊の基地で、1944/45年の厳冬の撮影である。この歴戦のブラックウィドウには6個の撃墜マークの他に5両の機関車を破壊したことを示すシルエットが描かれている。さらに1機のV1もコクピット下に描かれている。
(Paul Smith)

第422夜間戦闘飛行隊の才能ある「アーティスト」が完成させたばかりの傑作、「リトル・オードリー」とともにポーズを取っている。このノーズアートが描かれたP-61B-15、42-39672は前線部隊に実際に届いた数少ない損失補充用の機体だった「リトル・オードリー」は第422夜間戦闘飛行隊に所属して、フランスおよびベルギーの基地から作戦することになる。
(Robert Danielson)

可能だと判定されるのは1944年6月6日を過ぎてしまったのである。

　ヨーロッパ戦域で最初にP-61を装備した飛行隊は第422夜間戦闘飛行隊で、バース近郊のチャーミーダウンで1944年3月初めに編成された。この飛行隊は良く訓練されていて、すぐにも戦闘参加が可能だったが、なんと飛ぶ飛行機がなかった！　第422夜間戦闘飛行隊は当初、新しい基地を同じく夜間戦闘飛行隊の第423夜間戦闘飛行隊と共有していたのだが、後者はイギリスに到着してすぐに命令の変更を受け、夜間写真偵察任務のためにA-20Jに装備を変更した。この任務変更の命令はチャーミーダウンに突然やってきて、第9航空軍にはP-61を受領する準備ができている部隊は1個だけになってしまった。

　その後、第422夜間戦闘飛行隊はニューカースルの南、スコートンに部隊主力を移動するように命令が出た。これは5月6日に遅滞なく実行され、彼らは7月25日までそこに留まることになる。ただし、分遣隊が7月11日までボーンマス近郊、イギリス南岸のハーン飛行場に留まっていた。飛ばす機体がほとんどない飛行隊にとって、これらの移動は大変苛立たしいものだった。しかし、このように落ち着かない状況が続く中にも、ひとつの士気が高まるような旋律が聞こえていた。というのも、ハーンの分遣隊は第125「ニューファンドランド」飛行隊と直接に協同作業をすることができたのだ。この部隊はイギリス空軍で最も優秀な夜間戦闘飛行隊のひとつだった。

　1944年5月23日、第422夜間戦闘飛行隊に最初のP-61が到着すると、部

隊の士気は大いに高まった。8機のP-61A-5が届けられ、すぐに出撃可能な状態にされた。本来、これらの機体は5月20日には飛行隊に引き渡されると連絡されていた。しかし、3カ月前にイギリスに着いて以来「皆で待ちぼうけを食わされていた」飛行隊には3日間の遅れは取るに足らないことだった。第422夜間戦闘飛行隊の関心事は、今や戦闘に参加することだけになった。

第422夜間戦闘飛行隊に配備されたブラックウィドウはすべて上部銃塔を装備していなかった。その時期生産されたすべての銃塔が優先順位上位のB-29に装備されるためにボーイングに供給されたからである。しかし、残りの20mm機関砲4門のおかげで、P-61の「毒牙」はまだ十分に必殺の威力をもっていた。このことの悪い面といえば、余剰となった飛行隊の機銃手全員が隊から転出したことである。

Dデイの上陸作戦が1944年6月6日に開始され、戦史に不滅の名を残す陸海空の合同軍事作戦が進行する中で、定数が揃わない第422夜間戦闘飛行隊は脇から事態の進展を見守ることしかできなかった。彼らのように高度に訓練された搭乗員にはじっとしているのは難しい事態だったが、できることが何もなかったのだ。少なくとも、この時点では。しかし、数週間のうちに彼らにも運が巡ってくることになる。

大陸侵攻作戦が始まる頃には飛行隊は十分な機体を受領して、作戦活動が可能になる可動機数12機を揃えられるようになり、6月第2週には最初の訓練飛行を始めることができた。しかし、同時に天候も悪化して、パイロットは飛行中にトリムタブの問題を経験することになった。戦いを始めるに

自分のブラックウィドウのコクピットに座るポール・スミス中尉。この機体にステンシルを使って描かれている6つのカギ十字のうちのひとつは撃墜不確実を表しており、後に取り除かれた。「レディ・ジェーン」は有名な機関車キラーだった。さらに、それぞれが1回の出撃を完了したことを示す稲妻がずらりと並び見事である。(Gerald Balzer)

どの夜間戦闘飛行隊でも核となったのは地上整備員だった。彼らは最小限のスペアパーツでブラックウィドウを一晩中飛行させたのである。第422夜間戦闘飛行隊の整備兵3人が一休みして、彼らが受け持つP-61A「ミッドナイト・メナス」を自慢している。このP-61Aは撮影当時、一時的に使用したフランスの基地から作戦していた。この大きな戦闘機が穴あき鋼板(PSP)の上に駐機していることにも注目して欲しい。(Bob Danielson)[訳注："Menace"には「脅威」などの意味がある]

しては、何という滑り出しだろうか！　6月17日、第422夜間戦闘飛行隊の隊長オリス・B・ジョンソン中佐はイギリス空軍のハリファックスを目標とする迎撃訓練を始める許可を得た。そのハリファックスの搭乗員たちも訓練日程の最終段階だった。

　ようやく事態が正しい方向へ進み始めたちょうどその時、第9航空軍最高司令部から、イギリス空軍のモスキートに性能で劣ると思われるためP-61に実戦での出撃は許可されないだろうという話がきた。飛行隊は激怒した！　P-61の唯一の望みの綱はP-61とモスキートとの性能比較試験だった。ノースロップの戦闘機の名誉を守り、歴史の中にその名を留めるために選ばれたのはドナルド・J・ドイル中尉だった。7月5日に両機種は「デモフライト」を行ったが、どちらのパイロットも「全力を尽くす」という態度で臨んでいた。第422夜間戦闘飛行隊の全員が予言していたように、P-61はテストのすべての面で上回った。高度5000、10000、20000フィート（1500、3050、6100m）のそれぞれにおいてモスキートに速度で勝り、すべての高度で旋回半径がかなりの余裕をもってより小さく、上昇率もはるかに勝った。ついにすべての障害は取り除かれたのである。

　その11日後、6機のP-61Aがスコートンを発ってイギリス海峡に面するフォード基地に向かった。P-61はV1「ブンブン爆弾(バズ・ボム)」と戦うことになる。やっと、この新鋭夜間戦闘機がその名を揚げる機会を手に入れたのだ。無人の飛行爆弾に対する任務は「アンチ・ダイヴァー」任務と呼ばれることになる。P-61が呼び出されたのはV1の攻撃回数が増加することに対する危機感があったためだった。

　後にブラックウィドウのエースになるハーマン・E・アーンスト少尉は最初と

二度目の出撃を以下のように回想する。それはレーダー手、エドワード・H・コップセル准尉とのペアでの出撃だった。

「我々の最初の出撃でイギリス海峡上空の高度7500フィート（2300m）を巡航している時に、『ダイヴァー』が高度2000フィート（610m）を高速で飛んでくるのを見つけた。私はできるだけ素早く距離を詰めるために、『シックスティーワン』の機首を下げてスロットルレバーを前に倒した。そのV1は時速340マイル（550km/h）で飛んでいた。

オリス・B・ジョンソン中佐（第422夜間戦闘飛行隊長）が出撃前に派手なマークが描かれた乗機「ノーラヴ・ノーナッシング！」のコクピットに立っている。ジョンソン中佐はこの機体で1944年10月24日夕刻に出撃し、薄暮の中で3機のFw190に戦いを挑み、そのうちの1機を撃墜した。(Fred Stegner)

すると突然、大きなボーンという音がしてコクピットの中が轟音に包まれた。コップセルはインターカムで何かを叫んでいたが、私には一言も聞き取れなかった。私が最初に思ったことは、ドイツ軍戦闘機が我々の後ろに回り込んで、我々を撃墜したのだ、しかも正に我々の最初の出撃で！　ということだった。

「しかし私は数秒のうちに、まだ機体が操縦に反応することに気がついた。コクピットの中の途方もない騒音はそのままだったが、私は任務を中止して、フォード基地に帰還した。着陸してから、プレクシグラス製のテールコーンが気圧のために分解していたことがわかった。この問題は胴体の開口部にプレクシグラスの平板を取り付けて解決した。

「翌日の夜、我々は再び出撃し、間もなく2機目の『ダイヴァー』を見つけた。シナリオは前の晩と同じである。急降下して、真後ろにつき、射撃を開始した。今度は我々はV1との距離を詰め、数発の20mm機関砲弾を発射した。ジェットエンジン全体に着弾した飛行爆弾は推力を失って、機首を上げた

ヴァン・A・ナイスウェンダー中尉が夜間出撃の準備のため、エタン基地で乗機P-61のエンジンを回しているところ。「デイジー・メイ」は前線勤務の間を通じて彼の乗機だった。(Van Neiswender)

2機の比較的新しい第422夜間戦闘飛行隊のP-61に描かれたばかりインヴェイジョン・ストライプがよく目立っている。この写真が撮影されたのはDデイの直後のイングランドの基地で、飛行隊が定数の機体を受領する前だった。手前の機体の胴体ブームの下に見えているのは、ハーマン・アーンスト中尉のP-61A-5、42-5547「ボロウド・タイム」である。アーンスト小尉と彼のレーダー手、エドワード・コップセル准尉はこの機体を駆ってエースの地位に到達することになる。42-5547の後方にはインヴェイジョン・ストライプを巻いたモスキートが駐機し、遠方には2機のタイフーンが駐機している。(Herman Ernst)

後、海に落ちた。これは第422夜間戦闘飛行隊の戦争で最初の撃墜戦果だった！」

　同じ頃、第9航空軍で2番目の、そして最後の夜間戦闘飛行隊の戦闘準備が整いつつあった。第425夜間戦闘飛行隊は5月26日にチャーミーダウンに到着し、6月12日には第422夜間戦闘飛行隊に続いてスコートンに北上し、8月12日までその地に留まった。この部隊は6月15日には最初のP-61を受領したのだが、定数の機体を受領するのは7月も終わりになってからだった。

　第422夜間戦闘飛行隊の場合と同様、第425夜間戦闘飛行隊の機体も銃塔を装備していなかったため、銃手席が空席となった。後にレーダー手を胴体後部から胴体前部の銃手席に移動させる許可を飛行隊が受け取ると、この空席にレーダー手が座ることになる。銃手席は操縦席のすぐ後ろである。この移動は有効だった。というのも、2人の搭乗員を互いの近くに位置させることになったからである。このような搭乗員配置はモスキートの場合でも搭乗員の能力を高めることが示されていた。

　第425夜間戦闘飛行隊の指揮官はレオン・G・ルイス中佐だった。彼の乗機は多くの写真が撮影されたP-61A「ウォバシュ・キャノンボール Ⅳ」[※3]である。第422夜間戦闘飛行隊と同様に、この飛行隊の実戦の手始めはV1迎撃となり、8月7日に最初の1機を撃墜する。イギリス海峡上空で通常の哨戒任務を行っていたフランシス・V・サータノウィズ中尉とレーダー手のエドワード・ヴァン・シッケル少尉は、0225時（午前2時25分。以下時刻の表記は同様）にV1だとはっきりわかる炎の尾が高度3500フィート（1070m）をその目標に向かって飛んでいるのを見た。P-61の搭乗員が視認した時には、V1はすでに高度を下げ始めており、サータノウィズ中尉がその後方に占位した時には、「ブンブン爆弾」の速度はおよそ時速330マイル（530km）だった。距離を詰めることはパイロットにとって問題ではなかった。ひとたびスロットルを全開にすれば、この戦闘機の巨大なR-2800星形エンジン2基は急激な

第422飛行隊のP-61Aがイングランド上空で編隊を組む。Dデイからしばらく後の撮影。この飛行隊は作戦可能な状態になるのが間に合わず、大陸侵攻を支援できなかった。編隊を率いているのはシャークマウスを描いたP-61A-5、42-5564「ジューキン・ジュティ」である。(USAF)

出力増大で応えた。さらに、P-61はより高高度を飛行しており、V1に向かって急降下する際に速度で有利になった。

距離が非常に危険な600フィート(180m)まで近づいた時に、パイロットが長い一連射で20mm機関砲弾を撃ち込んだ。機関砲弾は「ブンブン爆弾」のエンジンに向かって飛び、見事に命中した。その破壊力でエンジンが火薬の詰まった弾頭部分と分離し、弾頭はイギリス海峡に落ち、爆発して巨大な火の玉となった。これは幸運なまぐれ当たりだった。V1がP-61の真正面で爆発して、P-61に大きな損傷を与えていたかもしれないのだ。

夜に獲物を追い求めるのは常に危険であった。ドイツ軍には熟練の夜間戦闘機搭乗員が多数いて、夜間戦闘専用の機種も多かったからである。しかし、もし数種類の有人航空機と無人のV1の中からP-61にとって最も危険な標的をひとつ選ばなければならないとすれば、V1になるだろう。なぜなら、爆発するV1は何もかも焼き尽くす大きな火の玉となり、「忍び寄る追っ手」を簡単に墜落させる可能性があったのだ。

実際、P-61が接近しすぎて危うく「墓穴を掘り」そうになった事例が数件記録されている。その一例は、第422夜間戦闘飛行隊のパイロット、テイダス・J・スペリス大尉とレーダー手、「レフティ」・エレフサリオン中尉である。その出撃では飛行隊の情報将校、フィリップ・グバ中尉を同乗させて、彼らのいつもの乗機(「ケイティ・ザ・キッド」と名づけられていた)で飛行していた。グバ中尉は空席となっていた銃手席に座っていた。主任務は指定された区域を哨戒することで、彼らはドイツ軍機と出会うことを期待していた。

しかし彼らが出会ったのは、彼らよりわずかに低い高度をイングランドに向かって飛ぶV1だった。搭乗者のひとりはそれを「貨物列車の3倍の速さで突進している満月」みたいだといった。高度差を活かしながら、スペリス大尉はブラックウイドウの機首をV1に真っ直ぐ向けて、信じられないような速度を出して接近した。距離1500フィート(450m)でエレフサリオン中尉がスペリス大尉に射撃するよう呼びかけたが、彼はその催促に耳を貸さず、絶対に攻撃目標を逃さないようにするんだと答えた。スペリス大尉は照準器に釘付けになり、目標への接近は続いた。これらはすべて数秒の間に起きたことである。1000フィート……700フィート……。ついに、距離400フィート(120m)でスペリス大尉が発射ボタンを押し機関砲を斉射すると、大変

なことになった。

　斉射するやいなや、巨大なオレンジ色の閃光が現れ、飛行爆弾がガソリン貯蔵施設のように爆発したのだ。グバ中尉は後に以下のように語った。

「V1は粉々になった。あれは射撃する直前には、でっかいネオンのスイカのように見えていたんだ。それがまるで見えないレールに乗っているみたいに我々に向かってすっ飛んできてたんだ！ 爆発の閃光でスペリスは視力を失い、俺たちはすぐに急降下を始めてしまった。地面に激突する前に彼が水平飛行に戻れたのは奇跡だったよ。左の方向舵

ジョン・W・アンダーソン中尉（左）が彼の乗機P-61A-5、42-5543「テネシー・リッジランナー」の前で第422夜間戦闘飛行隊の上級下士官とともにポーズを取る。アンダーソン中尉とモーガン少尉のチームは前線勤務中にドイツ機2機とV1、1機を撃墜した。
(John Anderson)

はすっかり燃えちまっていて、左のエルロンと昇降舵の左半分も同じだった。着陸してみると、機体のあちこちから焼けこげた羽布が垂れ下がってたよ」

　襲来するドイツ軍機から前線の地上軍とその後方の重要物資などを守ることがP-61の本来の任務だったので、P-61装備部隊がフランスに派遣されるのは時間の問題だった。第422夜間戦闘飛行隊が最初にイングランドの地を離れることになり、7月25日にイギリス海峡を越えてフランスのモーペルテュにある飛行場（A15）まで短距離の飛行を行った。姉妹部隊である第425夜間戦闘飛行隊は8月18日にもっと東のヴァンヌに配置された。どちらの飛行隊も新しい基地にしっかりと腰を落ち着けてくつろぐことはできなかった。なぜなら、前線が流動的だったのだ。第422夜間戦闘飛行隊はすぐに移動することになり、先ずシャトーダンに移動し、9月16日にはベルギーのフロレンヌに移動した。同様に、第425夜間戦闘飛行隊もル・ムスティエに移動した後、10月13日にはクーロミエに移動している。

　第422夜間戦闘飛行隊指揮官、ジョンソン中佐はこの激動の時期を自ら模範を示して部隊を率いており、カラフルなマーキングのP-61A、「ノーラヴ・ノーナッシング！」［※4］に搭乗していつも戦闘の渦中にいた。たとえば、

「テネシー・リッジランナー」は前線で長期間使用され撃墜を記録した多くの第422夜間戦闘飛行隊所属機の1機である。インヴェイジョン・ストライプの塗装が傷んでいる状況から考えると、この機体は飛行隊がDデイ直後に戦闘可能と宣言される前に受領した、最初の数機のうちの1機であると思われる。
(John Anderson)

田舎の基地に隔絶されていた搭乗員にとって、酒保トラックとそれを運営する赤十字の「女の子」はいつでも大歓迎の存在だった。イギリス空軍兵と第422夜間戦闘飛行隊の隊員がともに、その女の子たちを囲んで写真を撮らせている。女性2人の左にいるのは後にエースになるハーマン・アーンスト中尉である。(Fred Stegner)

　10月24日午後遅く、彼とレーダー手のジェイムズ・モンゴメリー大尉はアーヘン近郊の敵の前線上空を薄暮に哨戒するためにベルギーの基地を離陸している。1805時ちょうどに地上迎撃管制員から連絡が入り、高度4000フィート（1200m）で東から敵数機が接近していると伝えられた。ジョンソン中佐は哨戒していた高度10000フィート（3050m）から降下して、その報告された機影を探したが1機も見つからなかったため、元の「止まり木」に戻った。

　数分後に、ふたたび地上迎撃管制員から数機の「ボギー」を捕捉したとの知らせを受けた。今度は高度5000フィート（1500m）だった。ジョンソン中佐はもう一度降下し、かすかな機影をすぐに見つけた。爆装した3機のFw190だった。ドイツ軍機は時速約250マイル（400km/h）で直線水平飛行をしていたため、すぐにジョンソン中佐に戦いを挑まれることになった。彼はその編隊めがけて突進した。戦闘爆撃機のうち2機は急旋回して逃走し、ブラックウィドウのパイロットは先頭のFw190に狙いを定めることになった。ジョンソン中佐はドイツ軍機の真後ろに距離1000フィート（300m）まで接近すると、二度短く斉射した。Fw190の右主翼に命中弾が見え、Fw190はふらふらと左方向へ緩やかな旋回を始めた。この時点で互いの距離500フィート（150m）まで縮まっていた。射撃ボタンを押すジョンソン中佐の親指にさらに力が入り、文字通り至近距離から5秒間の長い斉射を撃ち込んだ。

　胴体とエンジンの一帯に致命的な命中弾が目撃され、エンジンから黒煙を噴き出しながら、その敵機は垂直に急降下していった。高度2000フィート

この写真は1944年晩秋の撮影で、第425夜間戦闘飛行隊はフランスのクーロミエ(A58)を基地としていた。地上整備兵が左主脚の油圧系統の整備を一休みして、写真のためにポーズを決めている。
(Van Neiswender) [訳注:基地名のあとのカッコ内は連合軍側の暗号名]

(610m)でFw190のパイロットは機体を引き起こそうとしたがかなわず、地面に激突して爆発した。この時点で、ジョンソン大尉はかなり低空を飛んでおり、気がつくと友軍の小口径の対空砲火が彼の周囲で炸裂していた。彼は素早く対空砲火の射程から逃れて上昇し、さらに15分間哨戒を行ってから基地に帰還した。そこで、小火器によって機体に軽微な損傷を受けていたことがわかった。この空戦は太陽のある時間帯にブラックウィドウと敵戦闘機がほんの数回行った空戦のひとつである。第422夜間戦闘飛行隊の公式記録にはFw190に対して撃墜確実3機を達成したとある。(すべて1944年10月21日から12月17日の間である。)

第422夜間戦闘飛行隊にとってベルギーへの移動は最大の幸運となった。なぜなら、連合国の地上軍の進撃を阻止しようとするドイツ空軍の爆撃機(主にJu87、Ju88そしてJu188だった)の夜間作戦が活発だったために、まさに「獲物をむさぼり食う」ことができたのである。第422夜間戦闘飛行隊のパイロット、ロバート・エルモア大尉とレーダー手、レナード・メイプス少尉はこの時期に非常に優秀なクルーの1組として頭角を現した。彼らの乗機はP-61A、シリアル番号42-5534の「シュー・シュー・ベイビー」だった。

1944年12月17日の0313時にエルモア大尉とメイプス少尉は第VII軍団とライン河の間の緩衝地帯の一画を哨戒する任務を与えられた。地上戦はついにドイツ本土に至っていた。予想の通り、天候は気温が低く晴れだった。その地域の敵機の活動が盛んだったため、地上迎撃管制員はとにかく忙しかった。エルモア大尉は以下のように回想する。

「我々は何機かの『ボギー』に誘導されたが、はっきり視認して射撃できるほどには接近できなかった。その後、『マーマイト』(地上迎撃管制員のコールサイン)[※5]が我々から

ドイツ軍のV1を射撃する時に近づきすぎるとP-61にどんなことが起こるのかということをこの写真はまざまざと示している。攻撃の際、20mm機関砲弾がエンジン部分を逸れて、弾頭に命中したのである。回避する時間はなく、ブラックウィドウのパイロットは火の玉の中を通過しなければならなかった。そのため、危うく墜落するところだったのである。この焼けこげたP-61は第422夜間戦闘飛行隊の所属である。
(Fred Stegner)

距離4マイル(6km)ちょうどで高度は我々より低い侵入機に誘導してくれた。追い越してしまわないように大きく旋回した後、我々の機上レーダーで捕捉した(ロックオン)。目標は4.5マイル(7km)前方だった。私は『ウィドウ』にもっとスロットルをくれてやり、急速に約1000フィート(300m)まで距離を縮めた。この距離で敵を視認したが、はっきりと確認できなかったため、距離500フィート(150m)まで迫った。この距離で我々はそれがJu88であることを確認した。
「敵機は高度4000フィート(1200m)、方位270度に向かって飛んでいた。敵機の速度は一定していて時速約200マイル(320km/h)だった。私は我々の20㎜機関砲の破壊力をよく知っていたので、敵機に100フィート(30m)までゆっくり近づき真後ろで射撃ボタンを押した。短い斉射で、敵機の胴体から眩い白色の爆発が起きた。私が機位を維持しながら20㎜機関砲をもっと長く斉射をすると、両方のエンジンの間を着弾が移動していった。すぐに、両エンジンから炎が噴き出した。どういう訳か、そのJu88はわずかに機首上げの姿勢になった。そして、左方向に傾いて、真っ逆さまになった。もはや火の塊となり、最後には地面に激突して爆発した。パラシュートは全く見えなかった。私の時計で確認すると、地上迎撃管制員が敵の捕捉を知らせてくれてからちょうど17分経っていた」

　エルモア大尉とメイプス少尉は第422夜間戦闘飛行隊の中でも最も多くの戦果をあげたチームのひとつで、撃墜確実を4機(Ju88、Bf110各1機とJu52、2機)およびV1、1機の戦果で戦争を終えた。彼らは12月16日にエースの地位にもう少しのところまで近づいた。おそらく、エースの地位を手に入れていたのだ。その日、彼らは目標の後方に誘導を受けて、それをJu88だと確認した。航続距離の正に限界で燃料も残り少ない中、彼らは目標の後ろに回り込み、20㎜機関砲の連射を浴びせて、その数秒後に2つのパラシュートを目撃した。エルモア大尉は手持ちの時間がなくなったため基地

「バトル・アクス」と名づけられた(名前は中央胴体の右側に書かれている)この第422夜間戦闘飛行隊所属のP-61はユージン・D・アクステル中尉のスコアボードをコクピット下につけている。5個のカギ十字から分かるように、彼は多くの戦果をあげたこの飛行隊が生み出した3人のエースのひとりだった。
(John Anderson)

に引き返さなければならず、敵機が地面に激突したり実際に墜落していくのを確認できなかった。彼らが第422夜間戦闘飛行隊4番目のエースチームとして記録されるべきだったのはほぼ間違いないだろう。

Ju88は多くの人から第二次世界大戦のドイツ空軍で最も多用途な軍用機だったと見なされている。多様な任務が可能で、その中には夜間戦闘機としての任務も含まれていた。Ju88もまた戦争の途中で完全に再設計されており、その結果生まれたのがより大型のJu188である。Ju188は上昇限度の高度27000フィート（8200m）で時速270マイル（430km/h）以上を出すことが可能であり、大戦最後の年にドイツ空軍の装備していた最も傑出した兵器のひとつだったが、そのかなりの数がP-61の機関砲の餌食となった。窮地に陥っている地上軍を空から支援しようとして、Ju188は設計の際に想定されたよりもずっと低高度を低速で飛行せざるを得なかったため、ブラックウィドウにとっては容易な獲物となったのだ。

ドイツ軍は1944年12月中旬、アルデンヌの森を抜け、西部戦線では彼らの戦争最後となる大きな攻撃作戦を開始した。この大規模な攻勢は「バル

チェット・ホーリー准尉（左）と彼のパイロット、ジェイムズ・ポストホワイト少尉が彼らのP-61「リトル・リンダ」の前でポーズを取る。1944年7月末、新たに第422飛行隊の基地となったフランスのモーペルテュ（A15）での撮影である。2人の軍装がかなり違うことに注目して欲しい。この時期には、第422夜間戦闘飛行隊のV1に対する戦いはほとんど終了しており、この写真が撮られて間もなく、この飛行隊はドイツ軍の有人航空機に対する最初の戦果を記録することになる。(John Anderson)

「ダブル・トラブル」（P61A-10、42-5565）の搭乗員がフランスの基地からの出撃に備えて装備一式を身につけている。左はロバート・G・ボーリンダー中尉で、右はロバート・F・グレアム少尉である。彼らの背後の機体はジョン・アンダーソン中尉のP-61A-5、42-5543「テネシー・リッジランナー」である。(John W Anderson)

1944年初秋撮影のこの写真でも搭乗員たちはまちまちの軍装をしている。この4人は第422夜間戦闘飛行隊所属のクルー2組である。すなわち、左から右に、ジョン・W・アンダーソン中尉とジェイムズ・W・モーガン中尉(「テネシー・リッジランナー」に搭乗)、そしてロバート・エルモア大尉とレーダー手のレナード・メイプス少尉(「シュー・シュー・ベイビー」に搭乗)である。(Robert Elmore)

ジの戦い」として知られるようになる。空では、ドイツ空軍が全力をあげてこの反撃を支援し、連合軍地上部隊の陣地を夜間攻撃した。この攻撃作戦に対応する中で、第422夜間戦闘飛行隊はアメリカ陸軍航空隊で最高の戦果をあげた夜間戦闘飛行隊になったのである。この戦いは12月16日夜に始まったのだが、ドイツ軍の攻撃開始のタイミングは2個のアメリカ軍夜間戦闘飛行隊の戦闘能力を考慮するとまさに正鵠を射たものであった。

　12月16日の攻撃開始に至るまでの29日間、その地域は悪天候がずっと続いていたので、ドイツ軍は空から妨害されることなく兵力を効果的に集結させることができた。連合軍の偵察機はこの時期にその決定的に重要な任務を遂行しようと悪戦苦闘したのだが、視界が非常に悪くドイツ軍の戦車と兵員の移動を見つけ出すことは全く不可能な任務だった。連合軍の偵察写真が乏しかったことに加えて、すべてのドイツ軍の移動は闇夜に隠れて行わ

第422夜間戦闘飛行隊所属の2人のパイロット、ユージン・リー中尉(写真に写っている「ジューキン・ジュディ」のパイロット)とドン・ドイル中尉。(John W Anderson)

れていた。

　天候だけがドイツ軍にとって有利に働いた要因ではない。というのも、第422夜間戦闘飛行隊も第425夜間戦闘飛行隊も十分な機数が揃わないため、厳しい制約を受けていたのだ。その原因はスペアパーツの大幅な不足で、両飛行隊とも可動機は10機しかなかった。この機数では広大なアルデンヌ地域を効果的に見張ることは不可能だった。

　陸軍航空隊の公式記録によれば、12月第1週に離陸することができた第422夜間戦闘飛行隊の少数の搭乗員のすべてが、ただならぬ多さの「フードをつけた」ヘッドライトを道路上に見たと報告している。12月6日から7日にかけての夜になると、もはやヘッドライトに覆いはされておらず、道路のパターンで移動しているものもあれば、勝手なパターンで移動しているものもあった。後者は恐らく走行を道路に限定されない戦車や装軌車両のものだったのだろう。12月12日から13日にかけての夜には、ヘッドライトの目撃例はさらに多くなり、鉄道の活動も同様だった。

　敵の全力攻撃が始まった直後に第422夜間戦闘飛行隊は出撃可能な全機をラインバッハ、ゲムント、シュライデンの鉄道操車場に向かわせた。しかし、大した戦果は記録されていない。第422夜間戦闘飛行隊の作戦区域と隣接した区域で、第425夜間戦闘飛行隊も同様の任務を遂行しようとした。彼らも敵の交通量が同様に増加していることを報告していた。その中でも特に要注意だったのはトラーベン-トラーバッハ、ホムブルク、ノインキルヒェンそしてカイザーシュラウテルンの周辺で目撃された輸送車両の大群だった。

　この頃のある夜、第425夜間戦闘飛行隊のパイロット、アルヴィン・「バッ

第422夜間戦闘飛行隊の有能な2人の職人が、流れ作業方式によって飛行隊の革製エンブレムを手作業で塗っているところ。これらはクルーのA-2革製フライトジャケットに縫いつけられることになる。(Fred Stegner)

ド」・アンダーソン中尉は機関車に対して彼の機関砲を効果的に使用した。彼の乗機は「デンジャラス・ダン」と名づけられたP-61だった。

「私たちは割と早くから列車狩りをするようになっていたが、あれは危険な任務だった。なぜかというと、目の前で機関車が爆発して自分の機体が大きく損傷したり、もっと悪いことになったりするかも知れなかったからだ。ある寒い晩、私のレーダー手のジョン・スミス中尉と私は割り当てられた区域で通常の哨戒飛行をしていた。高度15000フィート(4500m)を飛行していたがレーダースコープには何も映らず、何かしら敵の動きの気配が見えないかと地上を見張っていた。

爆弾架とロケット弾をP-61の主翼下に装備して、第425夜間戦闘飛行隊は夜間敵地侵入任務を作戦活動に加えた。この写真は1945年初めにフランスのエタン基地(A82)で撮影されたものである。(USAF)

「突然、我々の15マイル(24km)東に輸送車両の大群と思しきものを発見した。私はすぐに反転降下(スプリット・エス)をやって高度500フィート(150m)まで真っ直ぐ降りていった。我々はドイツ領内に深く入り込んでいたので、私に射撃を躊躇する理由は全くなかった。私は20mm機関砲4門をぶっ放しながら、移動している目標と針路を交差させた。最初の航過を終えた後、我々2人は大きな鉄道操車場を偶然に発見したことに気づいた。私は急激に機体を引き起こして、くるりと向きを変えるとふたたび航過するために進路を定めた。蒸気を吐き出している機関車が4両あったが、そのうちの1両は機関士があわてて逃げる際に前照灯(ヘッドライト)を切り損ねていた。この明るい光に照準を合わせて、長い連射をもう一度行った。

「その光をじっと見ているうちに私はすっかり夢中になってしまっていた。私を現実に引き戻したのはヘッドフォンの叫び声だった。私のレーダー手だった。私はハッとし、機体を引き起すのに間に合った。その瞬間、機関車が爆発した。その猛烈な力は我々を数千フィートも上空に放り上げた！私は必死になって操縦系統を操作して、態勢を整えた。その次にしなければならなかったのは、地上迎撃管制員を呼び出してこの目標について伝えることだった。爆撃機が日中に攻撃できるようにである」

翌朝、偵察機がフィルムとともに帰還すると、アンダーソン中尉は5両の機関車を破壊していたことが明らかになった。そして、彼はカイザーシュラウテルンの巨大な鉄道施設を偶然に発見していたこともわかった。

1944年から1945年にかけての厳冬はP-61の作戦活動にはほとんど影響がなかった。搭乗員たちは服を余分に厚着して、この単純な方法で寒さをしのいだのだ。見るからにしっかりと着込んでいるテイダス・J・スペリス大尉とレーダー手、エルサリオス・エレフサリオン中尉が、夜間出撃のため彼らの乗機「ケイティ・ザ・キッド」に乗り込む前に、その前でポーズを取ったところを撮影した写真である。(John W Anderson)

「バルジの戦い」が始まった頃には、P-61が夜間哨戒する区域はドイツ領内に深く入っていた。敵には夜間の移動が完全に安全という空間がほとんど残っていなかった。

ベルギー上空では12月の天候が非常に悪かったため、全軍用機の出撃回数は約50パーセントにまで減少した。2個の夜間戦闘飛行隊ではこの比率はもっと高かったが、彼らにとってはスペアパーツの方が、天候よりも問題だった。新年になっても可動率は上がらず、第422夜間戦闘飛行隊の1カ月通して出撃機数は延べ35機に過ぎなかった。

12月の間にいくらかのまともな飛行時間を過ごした幸運なクルーの1組がジョン・W・アンダーソン中尉と彼のレーダー手、ジェイムズ・W・モーガン少尉だった。彼らの割り当てられた機体はP61-A、シリアル番号42-5543の「テネシー・リッジランナー」[※6]だった。12月25日の夜、彼らは第V軍団上空の爆撃線とライン河の間の割り当て区域を哨戒していると、地上迎撃管制員から20マイル（32km）の距離を西に向かっている「ボギー」1機がいるとの無線が入った。数分の内にアンダーソン中尉は機上レーダーで捕捉できる距離に近づき、距離3マイル（5km）でレーダー手がパイロットの誘導を引き継いだ。距離2500フィート（760m）で、彼らは目標をJu188だとはっきり確認した。胴体のシルエットととがった主翼端でわかったのだ。

アンダーソン中尉は敵機の12時方向真後ろで機体を引き起こし、距離600フィート（180m）で20mm機関砲の射撃を開始した。その斉射で右主翼付け根に複数の命中弾があり、Ju188は緩やかに左方向へ旋回し始めた。二度目の斉射で右のエンジンが爆発して、追跡するブラックウィドウのキャノピー全体にオイルがかかった。敵機は急激に高度を失い始め、数秒後には地面に激突して爆発した。パラシュートはひとつも見えなかった。アンダーソン中尉はこの撃墜の前に、地上でドイツ軍と対決している連合軍の火砲が放つ閃光を目撃していた。不時着するには決して良い場所ではなかっただろう！

第422夜間戦闘飛行隊の記録によれば、5カ月間の実戦期間に飛行隊が受領した補充機は1機のみである。さらに飛行隊の記録によって明らかになるのは、この補充の少なさが原因で、ドイツ地上軍の活動が頂点に達した時にはわずかに4機の可動機しかなかったことである。これらの4機はいずれも一晩に3回から4回の出撃を記録している。他の「飛べない」P-61は残り少ない可動機を飛行させるための部品取りに使われた。そして、第422夜間戦闘飛行隊の保有機はどの機体も300時間を超える戦闘飛行をしていた。

戦争終結までP-61の地上整備兵は荒れ果てた飛行場の劣悪な作業環境に耐えなければならなかった。なぜなら、ほとんどの飛行場には無傷の格納庫がなかったのだ。フランスとドイツの飛行場は概ね、占領前に連合軍機による激しい爆撃を受けていたのである。この第425夜間戦闘飛行隊のブラックウィドウは1944年の晩秋、フランスの基地の野外で整備されている。(Van Neiswender)

ブラックウィドウの戦闘能力において最も重要な部分はレーダーだったが、スペアパーツが足りず、結果としてレーダー装置の能力が落ちたため、数少ない残存可動機の戦闘能力を危ういものにした。第425夜間戦闘飛行隊も同じ問題を経験していた。なぜなら、勝利に向けて最後の攻勢を行うために全体的な計画がされる中では、夜間戦闘機のスペアパーツの供給は優先順位の最上位に置かれたりはしなかったのだ。ヨーロッパ戦域全体では日々、何千機もの連合軍機が使用されており、合わせても1ダースに満たない可動機しかないP-61の2個飛行隊は大して注目されなかったのである。

　「バルジの戦い」の期間に連合軍が強力な夜間戦闘機部隊をもっていなかったことの影響の大きさは、1945年春から捕虜になっていたドイツ兵によって戦争終結時に確かめられている。その戦いの間、夜は自由に移動することができたことは、攻撃作戦がしばらく順調に進展した重要な要因だったと彼らは語ったのだ。もし、この決定的に重要な数カ月間にP-61が可動率を90パーセントに維持することができていたら、敵は兵員と装備に大きな損失を受け、その上、彼らの反撃作戦は奇襲の要素を失っていただろう。

　スペアパーツがひどく不足する中で、第422夜間戦闘飛行隊はクリスマス前後の短期間は出撃回数を増やすことにどうにか成功した。そして、その短期間に搭乗員たちは4日間(12月24日〜27日)で撃墜確認11機を記録した。ある出撃でハーマン・アーンスト中尉とエドワード・コップセル中尉のエースチームは非常に変わった経験をしたことが記録されている。彼らは愛機のブラックウィドウ、シリアル番号42-5547の「ボロウド・タイム」[※7]で飛行していた。そして、飛行隊情報将校のフィリップ・グバ中尉がふたたび空席の銃手席に「とりあえず同乗」していた。

　「我々は高度8000フィート(2400m)で我々の基地に向かって西へ飛行していた。その時、グバ中尉が我々の下方、高度2000フィート(610m)に赤と黄色の航法灯を点灯して飛行している飛行機に気がついたんだ。私はそんなのは初めて見たんだが、そいつは照明弾を投下していたんだ！　私は機体を翻して、素早くこの敵味方不明の『ボギー』に向かい、後方から近づいた。私はそいつの後方約1500フィート(460m)で機体を引き起こした。グバ中尉が暗視鏡を使って、その飛行機をJu88だとはっきり確認した。この時点で、敵機は針路を真北に変え、高度2000フィートを時速250マイル(400km/h)で真っ直ぐ水平に飛行していた。

　「その瞬間に我々は発見され、ドイツ機のパイロットは激しい回避行動を始めた。私はそれでも彼を視界に捕らえており、距離を着実に縮めていった。距離500フィート(150m)で真後ろから一連射をした。目標の胴体に多数の命中弾が見えた。追い越してしまうのを避けるために右方向へ移動した時、Ju88の後部銃座が我々に向かって撃ってきた。私はわずかに高度を下げて敵機の

1944年7月27日の夕刻、パイロットのロバート・ユール中尉(左)とレーダー手のアル・イナーラリティ中尉(中央)が「タバサ」、すなわち第425夜間戦闘飛行隊のP61A-10、42-5569の側に立っている。この機体は彼らがいつも搭乗していた機体ではない。彼らは11月に別のP-61で飛行中に撃墜され、イナーラリティ中尉は戦死することになる。(Stan Woolley)

真後ろに位置し、短い斉射を3回叩き込んだ。その命中弾でJu88の両方のエンジンが爆発し、左方向に墜落していった。そして、地面に激突して大きな火の玉になった。はっきり覚えているんだが、そいつが墜落する直前、赤い照明弾をもう1発撃つのが見えたんだ！」

　この頃には第425夜間戦闘飛行隊はフランスのエタン基地にしっかり腰を据えていた。彼らは11月9日にエタン基地に移動してきて、1945年4月12日まで留まることになる。この基地の位置によって、実質的にドイツ全土に行けるようになり、彼らの戦果のほとんどがこの基地からの出撃で記録されることになる。出撃が増えるにしたがって、ドイツ空軍も果敢に夜間飛行の技量を見せつけることが多くなった。第425夜間戦闘飛行隊のナイスウェンダー中尉はそれを直接に目撃している。彼はある夜の出撃でMe410と空戦を行ったのだが、相手はそれまで出会った中でも最も手練れの敵だったと信じている。ナイスウェンダー中尉と彼のレーダー手、デイヴィッド・パーソンズ少尉はその迎撃の際、「デイジー・メイ」[※8]と名づけられたP-61Aでバストーニュ上空を飛行していた。

「あの夜は満月で視界が素晴らしかったことを覚えている。その出撃の最初の2時間は何事も起きなかったんだが、その後、地上迎撃管制員から連絡があり、辺りに『ボギー』がいると教えられた。誘導されて機上レーダーで捕捉できるまで近づいたんだが、俺たちがそいつをレーダースコープに捕らえたとたん、そいつはほぼ半横転して下の暗い森に向かってダイヴを始めたんだ。俺もスロットル全開にして追撃の始まりだ。こいつはまったく大胆不敵な野郎だった。

「俺たちは近くにいたが、残念なことに射撃できるほど近くはなかった。敵機はMe410だとはっきり視認できた。俺は計器速度をチラッと見て、410の速度は時速400マイル（640km/h）を超えているな、と判断した。なぜなら、そいつは俺たちを急速に引き離していたからだ。俺の戦闘機はエンジン全開なのに、まるでじっと立っているみたいだった。その時点で、敵機の感応がレーダーから全くなくなっちまった。それに、レーダー手席の後ろのテー

寒い季節が近づく中、地上整備員は第425夜間戦闘飛行隊の基地であるクーロミエの野天で作業している。撮影は1944年10月10日である。駐機エリアの隣の大きなテントは兵装担当部門のものである。(John Birmingham)

小柄なハリウッドの伝説的俳優、ミッキー・ルーニーが第422夜間戦闘飛行隊のメンバー数人と写真撮影をする前に搭乗員用の軍装を身につけている。彼は当時、慰問団の一員として各地の軍事基地を訪問していた。(John W Anderson)

ルコーンもなくなっちまった。急降下のスピードでできた途方もない圧力で潰れたんだ。パーソンズは俺の後ろの銃手席に座ってたから、彼の身の安全は問題なかったんだけどね」

　その出撃は3時間10分という長いものだったが、残ったのはフラストレーションだけだった。

　ある興味深い事実が第422夜間戦闘飛行隊の戦史に記録されている。それは1944年12月における第9航空軍の夜間戦闘機の全活動を要約した報告書に関するものだった。その報告書にはイギリス空軍の夜間戦闘機部隊は同月に撃墜確認20機の戦果をあげ、第422夜間戦闘飛行隊は同じ期間に撃墜確認18機を記録したと記している。後者の数字は第422夜間戦闘飛行隊が可動させていた機数の少なさを考えれば抜群の数字である。もし、第422夜間戦闘飛行隊と第425夜間戦闘飛行隊が定数のP-61を可動状態で保有していたら、「七面鳥撃ち」のようになっていたかも知れないのだ。

　年が変わって1945年になると、日ごとに戦争の終結が近づいてきているのが感じられた。連合軍の進撃のペースを遅らせている唯一の要因は天候だった。第422夜間戦闘飛行隊に関していえば、1月は後にこの飛行隊でエースとなるユージン・D・アクステル中尉と彼のレーダー手、ジョン・U・モリス中尉のものだった。なぜなら、同月に飛行隊が認められたすべての撃墜戦果は彼らが記録したものだったのだ。それには1945年にアメリカ陸軍航空隊が記録した最初の撃墜も含まれていた。彼らはJu88の後方へ誘導され、アクステル中尉は即座にその敵機を穴だらけにしたのだ。そのJu88は火の玉となって墜落した。それはブラックウィドウのクルーが行った最も素早い撃墜のひとつで、1945年1月1日未明の0300時に記録されている。

ノーズアート集
nose art

ここに掲載したノーズアートは、搭乗員たちによってP-61に描かれたカラフルなアートワークを示すために、マーク・スタイリングによって特別に製作された。詳細は99頁を参照してほしい。

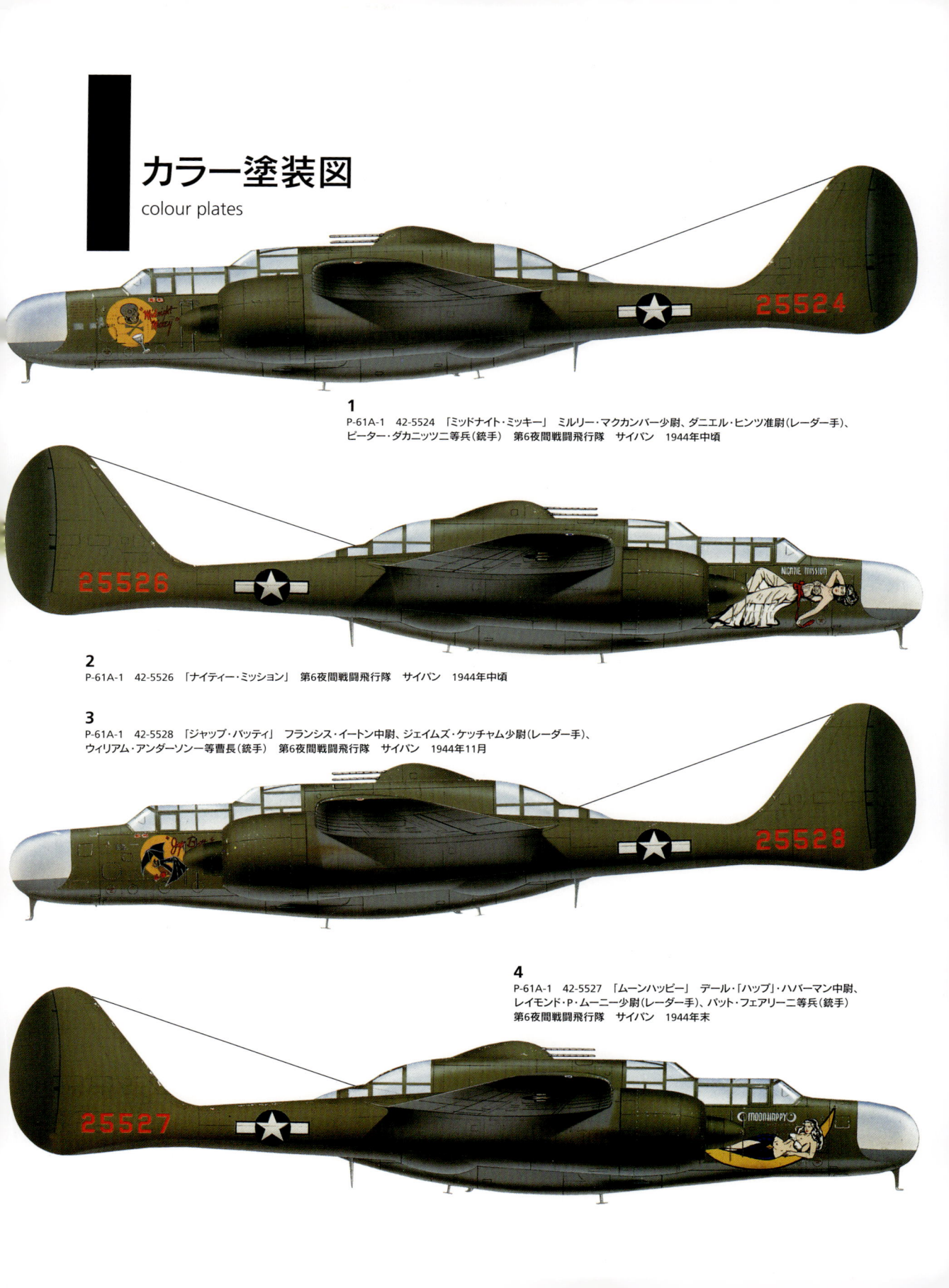

カラー塗装図
colour plates

1
P-61A-1　42-5524　「ミッドナイト・ミッキー」　ミルリー・マクカンバー少尉、ダニエル・ヒンツ准尉（レーダー手）、ピーター・ダカニッツ二等兵（銃手）　第6夜間戦闘飛行隊　サイパン　1944年中頃

2
P-61A-1　42-5526　「ナイティー・ミッション」　第6夜間戦闘飛行隊　サイパン　1944年中頃

3
P-61A-1　42-5528　「ジャップ・バッティ」　フランシス・イートン中尉、ジェイムズ・ケッチャム少尉（レーダー手）、ウィリアム・アンダーソン一等曹長（銃手）　第6夜間戦闘飛行隊　サイパン　1944年11月

4
P-61A-1　42-5527　「ムーンハッピー」　デール・「ハップ」・ハバーマン中尉、レイモンド・P・ムーニー少尉（レーダー手）、パット・フェアリー二等兵（銃手）　第6夜間戦闘飛行隊　サイパン　1944年末

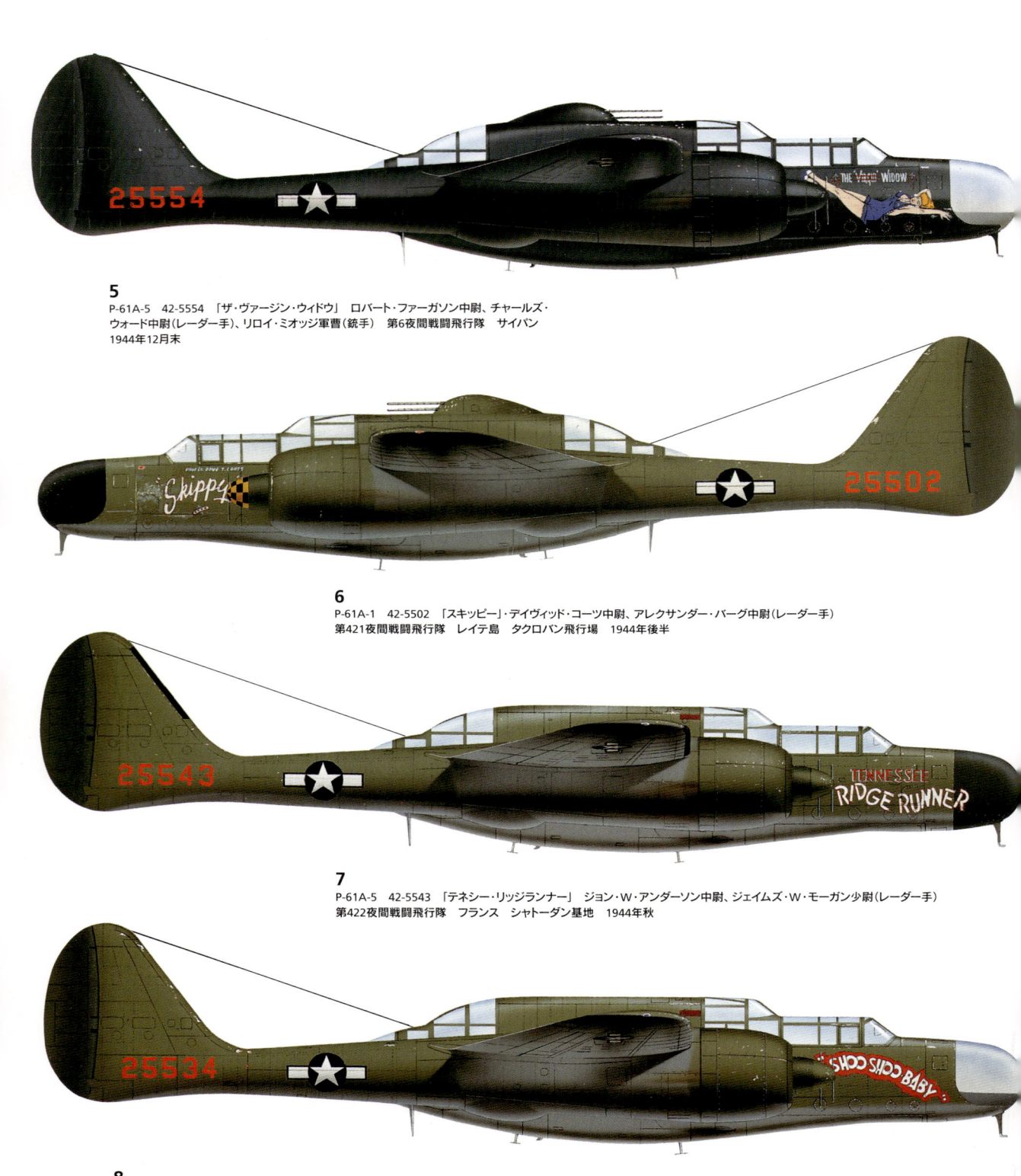

5
P-61A-5　42-5554　「ザ・ヴァージン・ウィドウ」　ロバート・ファーガソン中尉、チャールズ・ウォード中尉（レーダー手）、リロイ・ミオッジ軍曹（銃手）　第6夜間戦闘飛行隊　サイパン　1944年12月末

6
P-61A-1　42-5502　「スキッピー」・デイヴィッド・コーツ中尉、アレクサンダー・バーグ中尉（レーダー手）　第421夜間戦闘飛行隊　レイテ島　タクロバン飛行場　1944年後半

7
P-61A-5　42-5543　「テネシー・リッジランナー」　ジョン・W・アンダーソン中尉、ジェイムズ・W・モーガン少尉（レーダー手）　第422夜間戦闘飛行隊　フランス　シャトーダン基地　1944年秋

8
P-61A-5　42-5534　「シュー・シュー・ベイビー」　ロバート・O・エルモア中尉、レナード・F・メイプス中尉（レーダー手）　第422夜間戦闘飛行隊　フランス　シャトーダン基地　1944年秋

9
P-61A-10　42-5598　「スリーピー・タイム・ギャルⅡ」　アーネスト・R・トーマス中尉、ジョン・P・エーカー少尉（レーダー手）
第6夜間戦闘飛行隊　サイパン　1945年初め

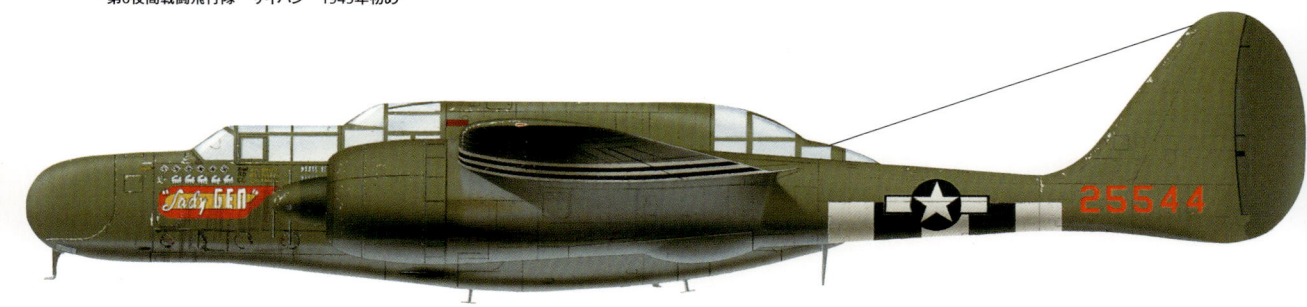

10
P-61A-5　42-5544　「レディ・ジェーン」　ポール・A・スミス中尉、ロバート・ティアニー中尉（レーダー手）
第422夜間戦闘飛行隊　ベルギー　フロレンヌ基地　1944年12月末

11
P-61B-6　42-39514　「ヘルン・バック」　第416夜間戦闘飛行隊　オーストリア　ホルシング基地　1945年6月

12
P-61B-10　42-39417　「ザ・グレート・スペックルド・バード」　ディック・フーバー中尉（飛行隊整備士官）、アール・R・ディッキー中尉（飛行隊先任レーダー手）
第416夜間戦闘飛行隊　オーストリア　ホルシング基地　1945年6月

13
P-61B-15　42-39606　「リル・アブナー」　アルヴィン・G・ムーア中尉、ジュアン・D・ルージャン中尉（レーダー手）
第415夜間戦闘飛行隊　フランス　サン・ディジエ　1945年3月

14
P-61A-10　42-5565　「ダブル・トラブル」　ロバート・G・ボーリンダー中尉、ロバート・G・グレアム少尉
（レーダー手）　第422夜間戦闘飛行隊　フランス　エタン基地　1944年末

15
P-61A-5　42-5564　「ジューキン・ジュディ」　ユージン・リー中尉、ドナルド・ドイル中尉（レーダー手）
第422夜間戦闘飛行隊　フランス　エタン基地、1944年末

16
P-61B-6　42-39533　「マーキー／ヘイズ・レディ」　第417夜間戦闘飛行隊　ドイツ
ギーベルシュタット基地およびブラウンシャルト基地　1945年6月

17
P-61B-15　42-39672　「リトル・オードリー」　第422夜間戦闘飛行隊
フランス　エタン基地　1944年末

18
P-61A-10　42-5591　「インペイシャント・ウィドウ」　第422夜間戦闘飛行隊
フランス　エタン基地　1944年末

19
P-61A-10　42-5573　「ラヴリー・レディ」　ドナルド・ショウ中尉
第422夜間戦闘飛行隊　フランス　エタン基地　1944年末

20
P-61B-1　42-39450　フィル・ハンス中尉、「ドク」・ホロウェイ中尉(レーダー手)、ドン・クランシー軍曹(銃手)
第419夜間戦闘飛行隊　フィリピン　ミンダナオ島ザンボアンガ基地　1945年初め

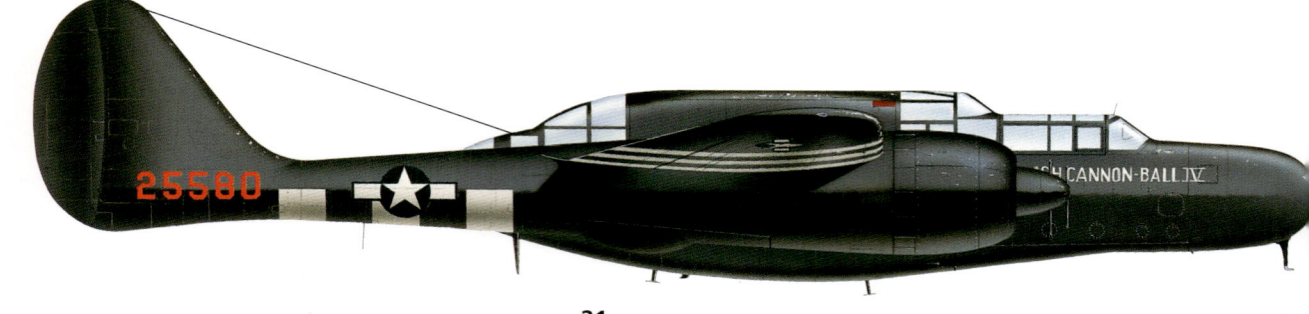

21
P-61A-10　42-5580　「ウォバシュ・キャノンボールIV」　レオン・G・ルイス中佐（飛行隊指揮官）、
カール・W・スーキキアン中尉（飛行隊先任レーダー手）
第425夜間戦闘飛行隊　フランス　クーロミエ基地　1944年秋

22
P-61A-10　42-5576　「スリーピー・タイム・ギャル」　第425夜間戦闘飛行隊　フランス　クーロミエ基地　1944年秋

23
P-61A-10　42-5569　「タバサ」　ブルース・ヘフリン中尉　ウィリアム・B・ブローチ准尉（レーダー手）
第425夜間戦闘飛行隊　フランス　ヴァンヌ基地　1944年10月

24
P-61A-10　42-5615　「アイル・ゲット・バイ」　ジョン・J・ウィルフォング大尉、グレン・E・アシュリー少尉（レーダー手）
第426夜間戦闘飛行隊　中国　昆明基地　1944年11月

25
P-61A-10　42-5619　「サタン13」　ジョン・ペンバートン大尉、チャールズ・W・フィリップス准尉(レーダー手)、
P・D・キュラン航空機関士　第426夜間戦闘飛行隊　中国　昆明基地(およびその他の前進基地)　1944年末

26
P-61A-10　42-5616　「メリー・ウイドウ」　ロバート・R・スコット大尉、チャールズ・W・フィリップス准尉(レーダー手)
第426夜間戦闘飛行隊　中国　昆明基地　1944年10月末

27
P-61B-2　42-39440　「スウィング・シフト・スキッパー」　アーサー・D・ボーグ中尉、ボニー・B・ラックス少尉(レーダー手)が搭乗
第547夜間戦闘飛行隊　フィリピン　ルソン島リンガエン基地　1945年2月

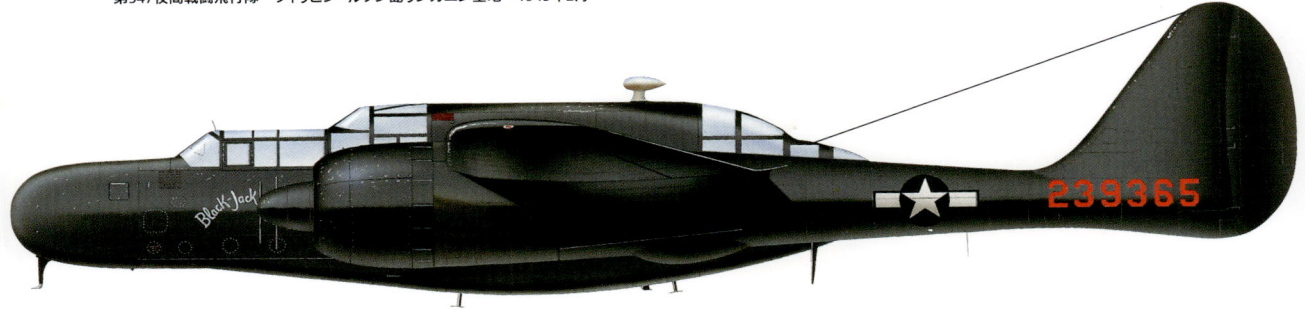

28
P-61A-10　42-39365　「ブラック・ジャック」　グレン・E・ジャクソン中尉
第426夜間戦闘飛行隊　中国　成都基地　1944年末

29
P-61A-5　42-5547　「ボロウド・タイム」　ハーマン・E・アーンスト中尉、エドワード・H・コップセル少尉（レーダー手）
第422夜間戦闘飛行隊　イングランド　フォード基地　1944年7月

30
P-61A-11　42-5610　「ミッドナイト・マッドネス」　ジェイムズ・W・ブラッドフォード大尉、ラリー・ラント中尉（レーダー手）、
リーノー・スコーニ等曹長（銃手）　第548夜間戦闘飛行隊　硫黄島　1945年4月

31
P-61B-2　42-39428　「アワー・パンサー」
フレッド・M・クーケンデール少尉、チャールズ・H・ラウズ准尉（レーダー手）、
ジョージ・バンクロフト伍長（銃手）　第548夜間戦闘飛行隊　伊江島　1945年春

32
P-61B-2　42-39408　「レディ・イン・ザ・ダーク」　ソル・ソロモン大尉、ジョン・シャーラー中尉（レーダー手）
第548夜間戦闘飛行隊　硫黄島　1945年春

33
P-61B-6　42-39525　「ナイト・テイク・オフ」
第548夜間戦闘飛行隊　硫黄島　1945年春

34
P-61B-2　42-39454　「クーパーズ・スヌーパー」　ジョージ・C・クーパー中尉
第548夜間戦闘飛行隊　硫黄島　1945年春

35
P-61B-1　42-39405　「ヴィトリー・モデル／アノニマスⅢ／ザ・スプーク」
メルヴィン・ボード中尉、エイブリー・J・ミラー中尉（レーダー手）
第548夜間戦闘飛行隊　硫黄島　1945年春

36
P-61A-11　42-5609　「バット・アウタ・ヘル」　ビル・デイムズ大尉（飛行隊作戦士官）、
E・P・ダンドレア少尉（レーダー手）、R・C・ライダー軍曹（銃手）　第548夜間戦闘飛行隊　ハワイ　キパパ・ガルチ基地　1944年10月

37
P-61A-10　42-5626　「ジンボー・ジョイライド」
カール・J・エイプスマイアー大尉、ジェイムズ・R・スミス中尉（レーダー手）
第426夜間戦闘飛行隊　中国　成都基地　1945年2月

38
P-61B-6　42-39504　「ミッドナイト・マドンナ」　ドナルド・W・ワイチライン中尉、フランク・L・ウィリアムズ中尉
第549夜間戦闘飛行隊　サイパン基地　1945年初め

39
P-61A-10　42-5623　「スウェッティン・ウォリー」　ウォルター・A・ストーク大尉
第427夜間戦闘飛行隊　ビルマ　ミートキーナ基地　1944年末

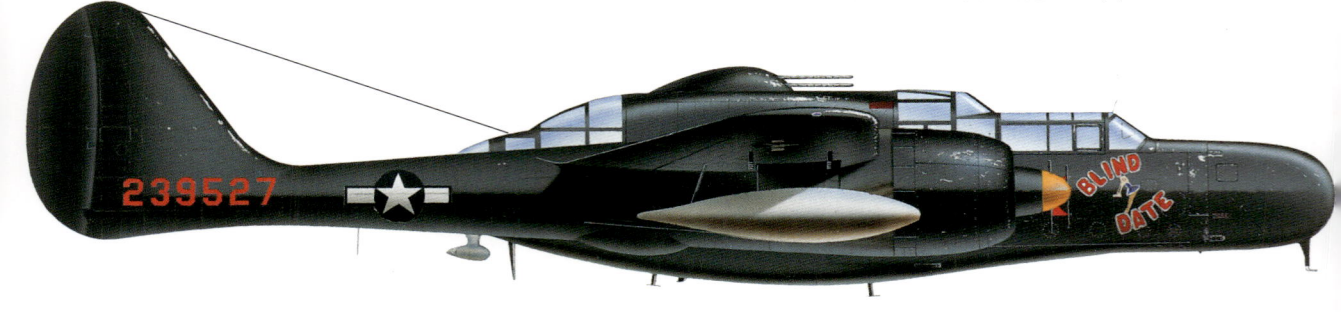

40
P-61B-6　42-39527　「ブラインド・デイト」　ミルトン・グリーン中尉
第549夜間戦闘飛行隊　硫黄島　1945年初め

乗員の軍装
figure plates

1
ジョン・マイヤーズ　チーフ・テストパイロット
カリフォルニア州ホーソーン
1944～1945年

2
ジョン・W・アンダーソン中尉（パイロット）
第422夜間戦闘飛行隊　フランス
シャトーダン　1944年秋

3
レナード・F・メイプス中尉（レーダー手）
第422夜間戦闘飛行隊　フランス
シャトーダン　1944年秋

4
アル・イナーラリティ中尉（レーダー手）
第425夜間戦闘飛行隊　フランス
ヴァンヌ　1944年9月

5
ジーン・B・デスクロズ少尉（レーダー手）
第6夜間戦闘飛行隊　サイパン島　1944年末

6
ジェイムズ・ポストルホワイト少尉（パイロット）
第422夜間戦闘飛行隊　フランス
モーベルテュ基地（A-15）　1944年7月

戦争終盤のこの頃になると、連合軍機はドイツ空軍の最も優秀な夜間戦闘機、すなわちMe262夜間戦闘機に遭遇するようになる。すでに1944年7月にはジェット昼間戦闘機との最初の空戦が行われており、それ以降時折、ジェット戦闘機は堂々と現れて、護衛戦闘機や重爆撃機と戦っていた。同時期にMe262よりずっと少数で運用されていたのがロケット戦闘機Me163コメートで、連合軍の諜報部はその最高速度を時速約600マイル（965km/h）と考えていた。爆撃機を防御するアメリカ陸軍航空隊とイギリス空軍のどの戦闘機よりもずっと速かったが、航続距離はひどく不十分なものだった。コメートは大抵ライプツィヒ周辺で目撃されていたが、1945年には連合軍の昼間戦闘機と爆撃機にとっては限定的な脅威だった。

　1944年11月15日の夜、エルモアとメイプスのチームはまたも部隊で初めての記録を残している。夜間飛行するMe163を視認したのだ。メイプス中尉はその時のことを良く憶えている。

「我々は『フリーランス』敵地侵入任務（イントルーダー）としてして知られていた任務でドイツのボン周辺を飛んでいた。我々がその区域に到着したのは2300時前後だった。高度4000フィート（1200m）に雲の層があり、その上の晴れた空は月に照らされて美しかった。突然、私はレーダーで1機の『ボギー』を捕まえた。それは我々の上方を恐ろしい速度で移動していた。ちょうどそれが我々の上を横切ろうとする時に、エルモアは180度の急旋回をやった。私はレーダーでそいつを見つけられなかったので、上を見上げた。その光景は信じがたいものだった！　くさび形に切り出したパイのような形をしていて、後端から炎の長い尾を引いていたのだ。

「私はそいつを見張り続け、インターカムでパイロットにそいつがどこにいるかを大声で知らせ続けた。そいつは我々の上空で急旋回をしたようだった。エルモアがそいつを視認した時には、炎はかなり小さくなり我々に向かって錐揉み降下を始めていた。そいつが機首から断続的に火を吹くのが見え、機関砲か機銃だとわかった。私はこのことをパイロットに伝え、我々は激しい回避機動を始めた。突然、この奇妙な飛行機は我々から離脱して垂直上昇に移った。その後端からは長い炎の尾が出ていた。同じような機動を数回繰り返した後、我々2人はあれはドイツの新鋭ロケット機Me163だということで意見が一致した。そいつの錐揉みは半径が小さく上昇は急だったので、我々は一度も射撃する位置に着けなかった。最後には、そいつはその辺りから去ってしまい、二度と見えなかった。1発も撃たなかったわけだが、それはとても記憶に残る出撃だった！」

　連合軍の夜間戦闘飛行隊が夜間にコメートの目撃したのはこれが初めてだった。

　戦争最後の数カ月にはドイツ空軍は死に物狂いで新戦術と新兵器を実戦に投入していたが、成功したものもあれば失敗だったものもあった。うまくいった計画のひとつはJu88に誘導なしのロケット弾を装備して、爆撃機の編隊を正確な照準で斉射しようというものだった。この組合せは爆撃機に対処するために考案された兵器としては最も恐るべきものとなった。[※9]

　第422夜間戦闘飛行隊があげた43機の撃墜戦果のうち、9機がJu88だった。第425夜間戦闘飛行隊はまた、珍しいことに夜間戦闘機のJu88を1機撃墜している。この時期に夜間侵入してきた敵機で数が多かった機種としてはJu188があり、第422夜間戦闘飛行隊は「バルジの戦い」の間に6機を

撃墜している。

　そのうちの1機はポール・スミス中尉とロバート・ティアニー中尉の手にかかって落とされた。彼らが1944年12月26日の夜、ムーズとサン・ヴィトゥ・モンショーの間で通常の哨戒任務をしていた時のことである。それに先立つ数夜に記録された敵の活動状況から、クルーはこの出撃の間に撃墜戦果をあげるチャンスが訪れるだろうとわかっていた。乗機はいつも彼らが搭乗していたP-61A-5、シリアル番号42-5544の「レディ・ジェーン」で、ベルギーのフロレンヌにあったA78基地からの出撃だった。

　哨戒を始めて40分、地上迎撃管制員が高度7000フィート（2100m）に1機の侵入機を捕捉した。彼らは急激に目標に近づいて追い越してしまった。猛烈な速度で側を通り抜ける際に「ボギー」はJu188だと確認したのだが、その過程で奇襲の効果を失ってしまった。敵機のパイロットはすぐに激しい回避機動を始め、数秒ごとに針路を変え、急降下したり、蛇行したりし、繰り返し飛行高度を変えた。しかし、スミス中尉は獲物の近くに位置を取り続けることができ、Ju188が撃墜されるのは時間の問題だった。

　スミス中尉はゆっくりと距離を500フィート（150m）にまで縮め、攻撃目標が左に急旋回した時に、60度の偏差射撃を試した。彼の狙いは正確で、機関砲弾はキャノピーのガラスを引き裂き、この爆撃機のコクピットを破壊した。敵機は身を震わせた後、水平飛行に移った。スミス中尉は二度目の斉射をした。今度は30度の偏差射撃だった。右主翼付け根辺り一帯に着弾し、火災を起こした。Ju188は数秒間緩やかな上昇をした後、損傷した翼の方に傾いて墜落した。戦闘が行われた高度は空戦の進展とともに急速に下がっていたので、その爆撃機はすぐに地面に激突して爆発した。勝利を収めたクルーは後で出撃報告にJu188は爆弾架を装備していたが、爆弾は搭載していなかったと記述している。

　成功を味わった「レディ・ジェーン」の搭乗員はさらなる目標を探した。Ju188を撃墜してから約1時間後、地上迎撃管制員は敵味方不明機を確認させるためにP-61を高度17000フィート（5200m）に向かわせた。後下方から近づいたが、視認してB-17と分かったので、彼らは離脱して哨戒を再開した。その直後に彼らは高度9000フィート（2750m）で飛ぶ別の敵味方不明のレーダー反応に誘導された。その高度なら敵機の可能性が高かった。速度を出し過ぎて接近したため、彼らはまたもレーダーの示す目標を追い越してしまったが、それは2機目のJu188だとわかった。素早く目標の後方に回り込むと、P-61は爆撃機の後方から距離わずか500フィート（150m）まで近づいた。スミス中尉はわずかな見越し角で射撃したが、これは大きく外れてしまい、ドイツ軍機のパイロットは即座に機体を右に捻って、反転降下の途中で左方向に離脱した。

　それから数分間、ドッグファイトは飛行高度9000フィート（2750m）から500フィート（150m）の間を激しく移動し、スミス中尉は目標を3回発見しては見失った。最後には、スミス中尉はわずかに降下しながら短い連射を放つことができ、機関砲弾は命中した。最初の斉射は胴体に命中し、敵爆撃機に火災が発生した。そして二度目のもっと長い斉射はわずか300フィート（91m）、真後ろから撃ち込み、Ju188の右のエンジンを爆発させてエンジンから外側の右主翼を吹き飛ばした。敵機はもはや操縦不能の錐揉みに陥り、地面に激突して爆発した。この敵機も爆弾架を装備していたと記録され

「バルジの戦い」の間、激しい降雪が連合軍にもドイツ軍にも大きな問題となった。この写真で1列に並んでいるのは、1944／45年の冬にベルギーのフロレンヌ基地（A78）で雪から掘り出された第422夜間戦闘飛行隊と第414夜間戦闘飛行隊のブラックウィドウである。(Paul Smith)

ている。2時間で2機の撃墜はスミス中尉とティアニー中尉にとってそれまでで最高の成果だっただけでなく、彼らの4機目と5機目の撃墜であり、念願のエースの地位をもたらしたのだった。

第425夜間戦闘飛行隊は有人航空機10機撃墜確認に加えてイギリス海峡上空でV1を4機撃墜という戦果で戦争を終えた。「ブンブン爆弾」キラーのトップは2機を落としたガース・ピーターソン中尉で、フランシス・V・サータノウィズ中尉とジェイムズ・トンプソン中尉が1機ずつでそれに続いた。第422夜間戦闘飛行隊もV1に対して成果を収め、5組のクルーが1機ずつ落としている。

また、第422夜間戦闘飛行隊は有人航空機43機を撃墜して、アメリカで最高の戦果をあげた夜間戦闘飛行隊となっている。他のどのP-61装備部隊もこの記録には近づくことができなかった。もしヨーロッパ戦域に展開した両飛行隊が十分なスペアパーツを手に入れることができていたなら、両飛行隊の戦果の合計はずっと多かっただろう。追うべき獲物は沢山いたのだから。もちろん、同様の「もし」は1944年末から1945年初頭の冬の悪天候で飛び立てなかった昼間戦闘機隊にも当てはまるのだが。

第425夜間戦闘飛行隊は1945年8月25日に解隊されたが、後に第317全天候飛行隊と名称を変更して存続した。第422夜間戦闘飛行隊は1945年9月30日に永久に解隊された。

訳注
※3：Wabash Cannon Ball IV。ウォバシュはオハイオ州からインディアナ州にかけて流れる川の名前。
※4：No Love! No Nothing!（愛がなくちゃ何にもならない！）。
※5：Marmite。英国の食品の商品名。基本的にはトーストに塗って食べるスプレッド。臭いと味が独特なイースト抽出物で、英国人でも好みが分かれるという。
※6：Tennessee "Ridge Runner"。ridge runnerは「田舎もの」という意味。
※7：Borrowed Time。借りものの時間、九死に一生を得て神から与えられた時間、命拾いした後の時間などの意味がある。
※8：Daisy Mae。当時の人気漫画「リルアブナー」の主人公の妻の名前。
※9：このJu88に関する記述はMe262の間違いと思われる。

chapter 3
地中海戦域
mediterranean theatre

　北アフリカとイタリアの激戦において、P-61は大した役割を演じることができなかった。どちらの戦場でもノースロップの新型戦闘機が実戦に投入できるようになるずっと前に作戦が始まっていたからである。その当時、アメリカ製の夜間戦闘機は性能が十分でなかったため、アメリカ陸軍航空隊はイギリス製のモスキートとボーファイターを使用することになった。両機種ともイギリス空軍がこの戦域で使用して実績をあげていたのである。どちらも地中海戦線における勝利への貢献は正に素晴らしいものだった。そして、これらの機種を運用していたのは、高度な訓練を受けていた部隊であり、後のP-61への機種転換もうまくいくことになる。

　アメリカ陸軍航空隊で最も古い夜間戦闘飛行隊は第6夜間戦闘飛行隊で、1943年1月18日に開隊されると、すぐに太平洋方面に派遣された。その後に編成された4個飛行隊（1943年1月26日から2月17日の間に開隊された）はすべて地中海に送られ、第12航空軍がその第414、第415、第416、第417夜間戦闘飛行隊を指揮下に置くことになる。ブラックウィドウが作戦可能となるのはその1年以上も後のことだが、夜間戦闘機は緊急に必要だった。アメリカ陸軍航空隊はジレンマに直面した。夜間戦闘機搭乗員の訓練を始めることは少なくとも可能だったのであるが、前線部隊に配備する十分な機数のP-70［※10］は保有していなかった。P-61が手に入るまでの間は、イギリス製の機材を使用しなければならなかった。

　その4個飛行隊の中で第414夜間戦闘飛行隊はノースロップ製の戦闘機を使用して戦争の成り行きにいくらかでも影響を与えた唯一の飛行隊となる。この飛行隊はボーファイターですでに8機の夜間撃墜を記録しており、幸運にも地中海戦線でP-61を受領する最初の部隊となった。機体の受領は1944年12月

ドイツ空軍基地の多くは徹底的に破壊されたが、破壊を免れた基地は終戦間際に連合軍の飛行隊によって接収された。この写真ではカッセルかブラウンシャルトの驚くほどに無傷な格納庫の中で第417夜間戦闘飛行隊の整備員が作業している。彼らが整備している機体はP-61B-6、42-39533「マーキー／ヘイズ・レイディ」で、1945年6月の撮影。
(John Dowd)

20日以降となった。P-61が到着するタイミングは決定的な時期に当たった。というのも、「バルジの戦い」がちょうど始まったところであり、第9航空軍麾下の2個夜間戦闘飛行隊はどちらもスペアパーツ不足のために可動機数の維持が困難になっていたのである。この2つの要因が複合した結果、第414夜間戦闘飛行隊は分遣隊をイタリアのポンテデラ基地からベルギーのフロレンヌに送り出し、第422飛行隊と協同作戦をすることになった。これは第414夜間戦闘飛行隊にとっては思いがけない大きな幸運となった。なぜなら、第12航空軍の記録によれば、指揮下のP-61部隊は5機の撃墜が公認されているが、そのすべてが第414夜間戦闘飛行隊の分遣隊がベルギーで報じたものだったからである。

アル・ジョーンズ大尉はベルギーに派遣されたパイロットのひとりだった。彼がまとめたその新鋭戦闘機の第一印象を以下に引用する。
「新鋭のブラックウィドウは抜群に素直な飛行機だと感じた。とても安定していて、計器飛行が非常に容易にできた。低速域での操縦性は水平方向の姿勢制御に使うスポイラーのおかげで素晴らしく、高速域でもとても良かった。この性能を発揮できる速度域の広さは夜間適地侵入任務にはもってこいだった。我々が迎撃する敵機の速度は下は時速110ノット（200km/h）から上は時速350ノット（650km/h）まであっ

第415夜間戦闘飛行隊は1945年3月下旬に最初のP-61を受領したが、それから6週間もしないうちに戦争は終わった。写真は同飛行隊のノーバート・コンウィンスキ准尉（地上にいる）とP・L・ベノワ中尉。このブラックウィドウは彼らの乗機である。フランクフルトでドイツ降伏の数日後に撮影。(Nobert Konwin)

1945年3月末、フランスのサン・ディジエで第415夜間戦闘飛行隊のパイロット、アルヴィン・ムーア中尉が愛機（P-61B-15、42-39606「リル・アブナー」）の前でポーズを取る。彼のレーダー手はジュアン・D・ルージャン中尉だった。(Alvin Moore)

たからだ。20㎜機関砲4門と12.7㎜機銃4門という恐るべき武装のおかげで、列車やトラック、あるいはその他の地上の目標を掃射する際には猛烈な火力の集中が可能だった。全体として、ブラックウィドウは、設計時に想定された任務にはとても有能だったのだ！」

1945年1月後半にドイツ軍の攻勢が終息すると、第8航空軍および第9航空軍は「バルジの戦い」で一時的に停滞していたドイツに対する猛攻撃を再開する準備をした。2月の連合軍機の昼間作戦は圧倒的であり、ドイツはいくつかのセクションに分割され、各空軍は割り当てられた地域の目標に攻撃を集中した。

それまで第8航空軍は重爆撃機による標準的な攻撃手順として爆撃高度25000フィート（7600m）をかなり厳格に守ってきたが、同月にはその手順から離れて10000フィート（3050m）以下の爆撃高度を許可した。この作戦高度の変更はまた、出撃の際の部隊の編成にも変化をもたらした。以前は標準だった大編隊ではなく、小さな編隊で部隊ごとに攻撃を行ったのである。敵戦闘機の反撃はあまりなかったが、第8航空軍の戦闘機部隊は依然として爆撃機を護衛してドイツへ出撃していた。戦闘機パイロットたちは地上に機銃掃射する目標を探すことに時間を費やしていたのである。ドイツ空軍は新年初日のボーデンプラッテ作戦以降は脅威ではなくなっていたのである。ボーデンプラッテ作戦では800機以上のドイツ軍戦闘機が夜明けの奇襲攻撃で前線基地の連合軍機を破壊しようとしたが、失敗していた。

アメリカ陸軍航空隊とイギリス空軍が昼間の制空権を支配しているということはドイツ陸軍が安全に移動できるのは夜間だけだということを意味していた。そして、P-61装備部隊はすべての可動機を出撃させ、敵の支配地域で長距離敵地侵入任務を行ったが、ドイツ軍の死に物狂いの努力を滞らせるにはあまりにも数が少なかった。第414夜間戦闘飛行隊のジョー・ジェンキンス大尉はこの時期にベルギーに派遣された分遣隊で作戦していた。彼は2月のある出撃を以下のように回想した。当時、ドイツ軍はライン河お

第414夜間戦闘飛行隊は地中海戦域で最初にブラックウィドウを受領した飛行隊で、この機種で大いに活躍した。幸運にも、この部隊は1944年12月末の「バルジの戦い」に参加することができ、この飛行隊のあげた5機の戦果のうち3機はその期間にあげたものだった。なお、パイロットのアル・ジョーンズ大尉(右)とレーダー手、ジョン・ルドフスキー少尉が実際に成功を味わったのは「バルジ」(ふくらみ)が「ぺしゃんこ」になってからだった。1945年4月にMe410、1機とJu88、1機を撃墜したのである。(Al Jones)

第417夜間戦闘飛行隊はP-61では1機の戦果もあげることができなかったが、それまでにボーファイターを使用して9機を撃墜し、その名を揚げていた。「ザ・ウィリング・ウィドウ」はこの飛行隊が戦争終結間近にドイツ本土の基地で運用していた。(Claude Grappone) [訳注：" THE WILLING WIDOW"は「その気な未亡人」ぐらいの意味]

この写真は第417夜間戦闘飛行隊に最初のP-61が配備された直後の、1945年3月3日に撮影された。場所は飛行隊の基地があったフランスのラヴァロンである。機体のまっさらな全面黒塗装は船積みで送られた機体を再度組み立てた際に台無しになっている。外板の継ぎ目に貼ってあった保護テープを剥がしたため、塗装がむけて金属の下地がのぞいている。(Richard McCary)

よびケルン周辺の地域への武器と補給物資の輸送を堂々と列車で行っていた。彼が搭乗していたのは「ファースト・ナイター」[※11]と名づけられた彼の固有機のP-61B-6 (シリアル番号42-39532)だった。

「あれからもうずいぶんになるが、いくつもの出撃の中のひとつだけが私の心に特に鮮明に残っている。2月のある晩遅くにケルン周辺で夜間敵地侵入任務を行った出撃だ。あの夜はドイツ軍が移動するには完璧な夜だった。月がなく、地上近くには薄い霞がかかっていたのだ。これは我々にも都合が良かった。というのも、毎晩我々が直面しなければならない激しい対空砲火が幾分か天候に妨げられるからだ。我々は目的地に着くと、すぐに長い貨車の列を率いた機関車を見つけた。私は機体を操って列車の正面に回り、機関車を最初に攻撃した。この戦術は列車を止めるためだった。最初の航過でうまくいったので、旋回して列車の端から端までをねらって攻撃を始めた。結局、機関車と貨車5両を破壊することができた。地上からの対空砲火は激しかったが、狙いは不正確だった。

「この出撃ではその後、もう2本の列車を見つけ出した。さらに弾丸をぶっ放して、機関車1両を破壊し、1両に損傷を与えた。この時には15両の有蓋貨車を吹き飛ばした。その地域一帯には地上に多くの動きがあったのだ。突然、イギリス空軍の重爆撃機が現れて、ケルンを攻撃した。我々はそのすぐ近くにいたのだが、彼らは辺り一帯を目標としているようだった。これは沢山の照空灯と対空砲火の引き金となってしまった。我々はかなり低空で

見る者の想像力をかき立てるようなこの空撮写真は第417夜間戦闘飛行隊がブラックウィドウを受領した直後にドイツの山岳地帯上空で撮影されたものである。この飛行隊は識別用に双胴部にカラーバンドを使用していた。(John Dowd)

55

回避機動をずいぶんとやったが、あんなに回避機動をしたことは他には記憶がない。イギリス空軍はスズメバチの巣を掻き回したというわけだ！　この時点では、燃料も弾薬も残り少なくなっていたので、基地に戻ることにした。

「しかし、目標になるものはないかと、我々はまだ注意深く地上を見張っていた。ドイツ軍が支配している地域を出ようとする時に、我々はさらに2本の列車を発見した。私はその辺りを急いで旋回して、その列車に襲いかかった。長い連射をしながら航過する途中で弾薬切れとなったが、これといった結果は見えなかった。我々は選択の余地なく、基地に帰還せざるを得なかった。夜間飛行する敵機との接触はなかったが、大忙しの夜だった」

第415夜間戦闘飛行隊がサン・ディジエの基地で最初のブラックウィドウを受領したのは1945年3月20日になってからだった。その頃には戦争は終局に向かっており、夜間に敵機を迎撃する機会はほとんどなかった。ドイツ軍は決定的に燃料が不足していたのである。第415夜間戦闘飛行隊は新型機を受領して1カ月も経たない4月18日にドイツ領内（グロース－ゲラウ基地）に移動し、この基地は戦争終結まで部隊の駐屯地となった。陸軍航空隊の

P-61B-6、42-39514「ヘルン・バック」は1945年夏に第416夜間戦闘飛行隊に配備された。写真はオーストリアのホルシング基地にて、元ドイツ空軍の無傷の格納庫内でジャッキに載せられているところである。(Earl Dickey)

第414夜間戦闘飛行隊のクルーが機体に乗り組み夜間出撃のためにタキシングする準備が整ったところ。このアメリカ陸軍航空隊の公式写真が撮影された1944年早春、第414夜間戦闘飛行隊はイタリアの基地から作戦していた。(USAF)

記録では、この部隊はボーファイターを装備していた時期に11機の撃墜が認められているが、P-61では1機の撃墜も記録することができなかった。

第416夜間戦闘飛行隊は1943年2月20日に開隊し、錬成期間にはオーランドにも一時期駐屯していた。当時、オーランドはアメリカの夜間戦闘飛行機に関わる活動の中心地だった。彼らはP-70で訓練を行ったが、ヨーロッパに移動するとイギリス空軍の第VIII戦闘機軍団に配属された。1943年8月には第12航空軍の指揮下に入り地中海戦線に移動した。搭乗員はすぐにボーファイターに機種変換し、ブリストル社製の夜間戦闘機で4機の撃墜を報じた。その後、モスキートに機種変換したが、この機種で撃墜したのは1機のみである。この部隊に最初のP-61がやってきた時にはすでに戦争は終わっており、この飛行隊はノースロップ製の戦闘機を占領軍としての任務でのみ使用した。

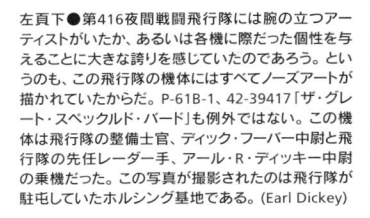

左頁下●第416夜間戦闘飛行隊には腕の立つアーティストがいたか、あるいは各機に際だった個性を与えることに大きな誇りを感じていたのであろう。というのも、この飛行隊の機体にはすべてノーズアートが描かれていたからだ。P-61B-1、42-39417「ザ・グレート・スペックルド・バード」も例外ではない。この機体は飛行隊の整備士官、ディック・フーバー中尉と飛行隊の先任レーダー手、アール・R・ディッキー中尉の乗機だった。この写真が撮影されたのは飛行隊が駐屯していたホルシング基地である。(Earl Dickey)

ジョー・ジェンキンズ大尉は第414夜間戦闘飛行隊に所属し、P-61B-6、42-39531「ファースト・ナイター」に搭乗した。ジェンキンズ大尉はP-61に機種改変になる前にボーファイターで多くの戦闘飛行時間を記録し、分遣隊としてベルギーで第422夜間戦闘飛行隊とともに作戦した。この写真はイタリアのポンテデラにあった第414夜間戦闘飛行隊の基地で撮影された。(Joe Jenkins)

地中海戦線において第12航空軍指揮下でP-61を使用した最後の飛行隊は第417夜間戦闘飛行隊である。この飛行隊は第416夜間戦闘飛行隊と同じ日に開隊している。この飛行隊は、第416夜間戦闘飛行隊と同様にボーファイターを使用したが、アルジェリア、コルシカ、フランス本土の基地を放浪の旅のように転々とすることになった。1945年1月にはこの飛行隊に幸運が巡ってきてベルギーのフロレンヌへ派遣され、第422夜間戦闘飛行隊と協同で作戦を行うことになった。「バルジの戦い」が起きたためである。

　このベルギーへの展開で飛行隊の最終戦果は9機撃墜に増えたが、そのすべてはボーファイターで記録したものだった。彼らがP-61を受領したのは戦争終結直前である。第417夜間戦闘飛行隊がドイツのギーベルシュタットを基地としている時に、最初のP-61が到着したが、その直後にヨーロッパ戦勝日がやってきた。

　第417夜間戦闘飛行隊が受領したブラックウィドウは新品にはほど遠く、部隊に配備される前に銃塔と12.7mm機銃は前方射撃位置に固定されてしまっていた。これが何を意味するかといえば、パイロットとレーダー手だけが搭乗して、機銃手はまたも地上に残されるということだった。

訳注
※10：ダグラスA-20ハボックの夜間戦闘機型。
※11：First Nighter。必ず初日に観劇する者の意味。一夜限りのお相手という意味もある。

chapter 4

太平洋戦域
pacific theatre

　連合軍がDデイの上陸作戦を発動しようとした時、各種の空軍戦力で敵の戦力を「きれいに掃除」しておかなければならない地域は非常に狭かった。たった2個の夜間戦闘飛行隊に夜間の防空任務をこなすことが課せられたのだが、その小さな戦力で「バルジの戦い」までは十分だった。戦争最後の数カ月には敵機の活動が増加したので、もし十分な機数のP-61が揃えば、少なくともさらに2個飛行隊が多忙な日々を過ごすことになっていただろう。しかし、そうはならなかったので、手持ちの戦力で対応したのである。

　だが、太平洋という戦場の広大さには違った取り組み方が必要だった。2個のP-61飛行隊では何ほどのこともできなかっただろう。それゆえ、1945年8月の戦争終結時には8個飛行隊ものブラックウィドウが太平洋戦域に展開していた。これらの飛行隊のいくつかは作戦範囲を広げるために、分遣隊を前線のあちらこちらに送り出して活動していた。彼らの第一任務は飛行場や航空機などの重要な施設や装備を夜間に襲来する日本軍爆撃機か

ら守ることだった。
　ヨーロッパ戦域の何倍も広い夜空を守る任務は3個航空軍で分担された。第5航空軍および第7航空軍がそれぞれ3個飛行隊、第13航空軍が2個飛行隊の夜間戦闘飛行隊（NFS）を以下の通り指揮下に置いた。

第5航空軍	第7航空軍	第13航空軍
第418NFS	第6NFS	第419NFS
第421NFS	第548NFS	第550NFS
第547NFS	第549NFS	

　これらの飛行隊は7カ月の間に定数のブラックウィドウを受領した。
　1942年8月にアメリカ軍がガダルカナル上陸に成功した後、この新しい侵攻部隊に夜間戦闘機部隊が必要であることが痛感された。なぜなら、日本軍が太平洋戦争全体を通して最も激しい夜間攻撃を開始したのである。アメリカ陸軍航空軍の最初の夜間戦闘機は1943年2月にこの戦域へ到着した。第6夜間戦闘飛行隊の分遣隊（「Det B」：B分遣隊）が「間に合わせ」のP-70とともに到着したのである（P-70はA-20軽爆撃機を夜間戦闘機に急いで改造したものだった）。しかし、この「新型」戦闘機は多くの点で性能が足りなかった。高空を飛行する三菱G4M「ベティ」（一式陸攻）はあっさりとP-70の上昇限度よりもずっと高い高度で作戦活動を行ったので、P-70はほとんど使い物にならなかった。
　状況が非常に危機的だったため、第6夜間戦闘飛行隊は太平洋戦域に到着した当初は限定的にP-38とP-40も使用した。
　連合軍が日本軍に対して攻勢を強め、太平洋の縁に戦線を広げていくにしたがって、有効な夜間戦闘機の必要性はますます高まっていった。この必

第6夜間戦闘飛行隊のP-61A-1、44-5527「ムーンハッピー」は太平洋戦域で使用されたブラックウィドウの中でももっとも派手なものの1機である。搭乗員はレーダー手のレイモンド・ムーニー中尉（左）とパイロットのデール・「ハップ」・ハバーマン中尉、そしてチームの3人目のメンバーは銃手のパット・フェアリー二等兵だった。この機の名前はムーニーとハバーマンという2人の妻に由来している。この搭乗員と機体のコンビは撃墜4機の戦果で戦争を終えた。
(Dale Haberman)

要性は非常に大きかったため、第6夜間戦闘飛行隊はもうひとつのP-70を装備する分遣隊（「Det A」：A分遣隊）をニューギニアに派遣した。そこでこの分遣隊はささやかな夜間の防御を実施している。この時点では、P-61の登場はまだ約1年先のことだった。最初のP-61が太平洋に到着して第6夜間戦闘飛行隊に配備されるのは1944年5月1日である。

　アメリカ陸軍航空隊に最初の夜間戦闘飛行隊が開隊された頃の全夜間戦闘飛行隊は初期の前線勤務でP-70を装備していた。さらに第6、第418、第419、第421夜間戦闘飛行隊などは装備機数を増やすために手に入る機種は何だろうと使った。その機種の中には、P-38やP-40、そしてB-25さえあった。これらの機種は侵攻してくる日本軍機の行き足を遅らせるバリアを作り、攻撃に対して無防備な連合軍基地のために「時間稼ぎ」をするように使用された。

　これらの雑多な機種の中で、B-25Hは夜間戦闘機としての資質に最も欠けていたと思われる。しかし、B-25Hを夜間戦闘機任務で使用した第一人者である第418飛行隊は、そんなことでは怯まなかったようだ。この部隊はワクデ島に新設された飛行場に駐屯していた唯一の夜間戦闘飛行隊だった。当時、ワクデ島は実質的にひとつの巨大なアメリカ陸軍航空隊基地に造りかえられていた。この基地にはB-24リベレーター装備の第90爆撃航空群と、P-47サンダーボルト装備の第348戦闘航空群が駐屯していた。非常に重要な戦力である両航空群とも日本軍機の夜間攻撃には脆弱

右頁上●第549夜間戦闘飛行隊のパイロット、ビル・チャールズワース中尉（右）が彼のクルーとともに硫黄島の基地でポーズを取る。1945年5月の撮影。P-61B「ホップン・ディッティ」はチャールズワース中尉の乗機だった。この飛行隊が最初のブラックウィドウを受領したのは1944年10月である。
(Bill Charlesworth)

レーダー手のチャールズ・ウォード中尉とパイロットのロバート・L・ファーガソン中尉が夜間出撃の前に彼らの有名なP-61A-5、42-5554「ザ・ヴァージン・ウィドウ」の側に立つ。1944年末にサイパンで防空任務を行っていた時期の撮影である。この第6夜間戦闘飛行隊のブラックウイドウは飛行隊の全員が写真を撮っている。(Ernest Thomas)

1945年初夏、硫黄島は太平洋の静かな島からよく整備された巨大飛行場に造り替えられた。この空撮写真の原板では上部中央の滑走路沿いにP-61が整列しているが見える。第549夜間戦闘飛行隊の所属機で、その右、写真では下側には多数の長距離護衛任務のP-51マスタングが駐機している。摺鉢山は写真下側の右端に見えている。(Bill Charlesworth)

であると思われた。そこで、第418飛行隊は改造した爆撃機を夜通し飛行させていたのである。この飛行隊は1943年8月18日にようやくその任務から解放されると、搭乗員たちはB-25ミッチェルでホーランディアに戻り、P-61への機種変換まで長く退屈な錬成期間に入る。

太平洋に送られたすべてのブラックウィドウはハワイの兵站部を経由しなければならず、そこで処理された第一陣は銃塔を装備した初期のA型だった。これらの機体を最初に受領した部隊は第6夜間戦闘飛行隊と第419夜間戦闘飛行隊である。両飛行隊は前線での経験が買われて特別に選ばれたのである。この両飛行隊に最初のP-61がやってきたのはわずか2日違いで、第6夜間戦闘飛行隊は1944年5月1日、第419飛行隊は5月3日だった。

両飛行隊が新鋭機に慣れるにはしばらく時間がかかり、多くの訓練飛行を通して手探りで前に進んだ。数週間の訓練の後、P-61の搭乗員は戦闘可能であると宣言され、第6夜間戦闘飛行隊が6月20日にノースロップ社の戦闘機で最初の戦果をあげた。第419飛行隊はしばらく遅れて8月5日にP-61で初戦果をあげている。

P-61を装備した飛行隊の第一陣が活動を開始すると、事態は急速に進展して、さらに多くのP-61が前線へ投入された。P-61への機種転換を最も速くやってのけたのは第421飛行隊だった。この飛行隊は最初のブラックウィドウを6月1日に受領して、7月7日に初撃墜を達成したのである。

カール・H・ビョーラム少尉は第421飛行隊に所属したパイロットのひとり

P-61の搭乗員にとって早朝の霧はしばしば敵よりも危険だった。視界がゼロになってしまうのだ。このP-61はある朝、夜間哨戒から帰還する際に悪天候に遭遇した4機の第548夜間戦闘飛行隊所属機の1機である。最初に着陸した夜間戦闘機、すなわちP-61A-11、42-5610「ミッドナイト・マッドネス」はジェイムズ・ブラッドフォード大尉の操縦で無事に着陸したが(片方のタイヤはパンクした)、2番目に着陸した機体(この写真のP-61B-1、42-39405「ヴィクトリー・モデル／アノニマス Ⅲ／ザ・スプーク」)のパイロット、メルヴィン・ボード中尉は視界がないまま滑走路を大きく逸れて進入した。彼はそれを修整しようとして、地面にかすり、着陸したばかりのP-61(この写真遠方に右側に傾いて停止している。修理されることなく廃棄処分)の上で跳ねて、やっと停止するまで胴体で滑走した。しかも20mm機関砲を発射しながらであった。この機体も後に廃棄処分となる。3機目の搭乗員は海岸の沖で落下傘降下し、4機目は霧が晴れるまで飛行していた。(Mel Bode)

だった。P-61での最初の頃の出撃を、彼は以下のように回想する（レーダー手はロバート・C・ウィリアムズ少尉、銃手はヘンリー・E・ボボ軍曹だった）。

「私がブラックウィドウで最初に機関砲を発射したのは、夜間に日本軍爆撃機に射撃をした時でした。そりゃもう自信満々でしたね！ 私のこの機種での飛行時間はたった44時間20分だったんです！ これは機種転換が容易だったことと、この機種の素直さを良く示しています。

「地上迎撃管制員から針路210度を取り、高度18000フィート（5500m）に上昇するようにと指示がありました。我々のいた地域で2機の敵機が捕捉されていました。我々が『止まり木』に着いた時、対空砲火の小さな閃光と日本軍侵入機によって落とされた爆弾と思しき4つの大きな閃光が見えました。私は『ボギー』が対空砲火の射程圏から出てくるまでヤペン島の北で旋回しているようにいわれました。VHFの通話で、同様に迎撃にあがっていた味方戦闘機が敵爆撃機のうちの1機に接近しているのが聞こえてきました。その迎撃戦が私のいる区域に近づいたため、私は離脱するように指示されました。

「数秒後、夜の闇に向かって曳光弾が吐き出されるのが見えました。それに続いて、火の玉が海面に落ちていき、激突して爆発しました。撃墜確実というわけです！ さあ、仕事です……周辺にはもう1機ジャップの爆撃機がいるのです。私は針路80度に誘導され、その直後に針路220度に旋回するよう指示がありました。その時、ウィリアムズが距離5マイル（8km）、少し上方に『ボギー』をレーダーで捕らえました。我々が接近すると、レーダースコープが『曇って』しまいました。それは爆撃機が『ウィンドウ』を投下したことを意味していました。『ウィンドウ』とは敵のレーダーを混乱させるために投下するアルミ箔の帯です。敵機はまだレーダースコープで見えたので、ジャップの防御トリックの真ん中を突き進んで接近し続けました。

「ボボと私は同時に敵機を視認しました。目標との距離1500フィート（450m）で『ダイナ』タイプ100（百式司偵）だと確認しました。敵機は緩やかに右方向へ旋回している途中でした。完璧にその真後ろに付くと、銃手が12.7mm機銃を短く素早く斉射しました。『ダイナ』は水平飛行に移りました。私は20mm機関

1945年、伊江島、第548夜間戦闘飛行隊の機付整備長リード・ストックウェル軍曹がビル・デイム大尉のP-61「バット・アウタ・ヘル」を出撃準備完了にした後、その上でくつろいでいる。このブラックウィドウは2機目の「バット・アウタ・ヘル」であり、初代は数カ月前に失われていた。(Reed Stockwell)

1944年末、デール・ハバーマン中尉が操縦するP-61A-1、44-5527「ムーンハッピー」がサイパン島沿岸を飛行する。機体に描かれているノーズアートは後でもっと手の込んだものに替えられた。(Dale Haberman)

砲を3秒間連射し、それに銃塔の機銃弾の連射も加わりました。命中弾多数です。ダイナは左方向へ旋回しながら急降下に入り、私はほとんど垂直降下でその後を追いました。速度は時速400マイル（640km/h）近く、敵機の約600フィート（180m）後方でした。「G」と戦いながら高度5000フィート（1500m）で機体を引き起こすと、高度10000フィート（3050m）まで跳ね上がりました。

「数秒後に遠くにひとつの閃光が見え、我々の百式司偵が爆発したのだと思いました。先に敵機を撃墜した別のブラックウィドウ（「アスファルト16」）が、敵機が爆発してヤペン島の海岸沿いに墜落するのを見たと証言してくれました。

「残骸は翌日、偵察隊によって海岸近くで確認されました。我々が使ったのは20mm機関砲弾200発と12.7mm機銃弾1000発でした」

どういうわけか、この撃墜は記録には記載されなかったが、ビョーラム少尉とウィリアムズ少尉は撃墜確実2機を記録することになる。この戦闘が起きたのは1944年7月7日である。

ビョーラム少尉の隣の区域で作戦していた機体（「アスファルト16」）に搭乗していたのは第421飛行隊のオーエン・ウルフ大尉（パイロット）とレーダー手バイロン・アラン中尉だった。彼らは4機を撃墜し、第421飛行隊の最多撃墜チームとして前線勤務を終えることになる。彼らの愛機は「ダム・ド・ラ・ニュイ［※12］と名づけられたP-61だった。

ブラックウィドウの撃墜戦果のごく少数は、実際には1発も撃たないで達成された。P-61の搭乗員があまりにも海上の低空で敵機を追撃したため、敵機が海面に激突したのである。おそらく、それらのP-61の撃墜記録の中でも、最も変わっているのは第421飛行隊のクルー、デイヴィッド・コーツ中尉とレーダー手のアレクサンダー・バーグ中尉が経験したものだろう。それは夜間に日本軍機10機がオウィ島の基地に攻撃をかけた時の出来事である。いつものように、アメリカ陸軍航空隊の飛行場は島の周囲の受け持ち区域で活動する4機のP-61によって防衛されていた。地上迎撃管制員は侵入してくる敵機を捕捉すると、一番近いチーム、パイロットのコーツ中尉とレーダー手のバーグ中尉（乗機P-61A-1、42-5502「スキッピー」）はしっかりと警報を受けた。彼らは日本軍爆撃機の後方に誘導され、コーツ中尉は射撃できる距離まで近づこうとしていた。その時、バーグ中尉が向かってくる曳光弾でコクピットが照らされたと叫んだ。パイロットは即座に敵の射線から離脱したが、P-61の後方に迫っていた日本軍爆撃機は射撃を続け、数秒前にはコーツ中尉が追っていた日本軍機にしっかりと命中弾を与えたのである。その機は爆発炎上して、太平洋に墜落した。これは非常に変わっ

ドン・クランシー軍曹は第419夜間戦闘飛行隊の「アンクル・シュガー・エーブル」の銃手として1944年から45年にかけてヌンフォール島にいた。この写真は1945年7月末の撮影である。1944年7月25日から11月27日の間、この飛行隊のA分遣隊はこの基地でP-61を運用した。第419夜間戦闘飛行隊は1944年5月3日に最初のブラックウィドウを受領している。(Don Clancy)

P-61A-1、42-5524「ミッドナイト・ミッキー」は初期に生産された機体で、オリーブドラブ塗装で第6夜間戦闘飛行隊に配備された。ミルリー・マクカンバー少尉、レーダー手のダニエル・ヒンツ准尉、銃手のピーター・ダカニッツ二等兵のチームはこの機体で2機の一式陸攻を撃墜した。コクピットのすぐ下に真新しい撃墜マークにも注目。(Daniel Hinz)

太平洋戦線でも指折りの凝ったノーズアートはキパパ・ガルチとサイパンで製作された。第6夜間戦闘飛行隊のP-61A-1、44-5526「ナイティー・ミッション」はその典型である。(George Irwin)

第38整備飛行隊がガダルカナルでアメリカ本土から梱包されて船便で届いた機体を準備するために忙しく働いている。この部隊は太平洋戦域で使用されたすべてのP-61を組み立てた。この写真の機体は第419夜間戦闘飛行隊に配備されることになる。当時、第419夜間戦闘飛行隊はガダルカナルで作戦していた。(USAF)

た撃墜だった。そして、コーツ中尉は1発も撃たずに撃墜戦果として承認を受けたのだった。

　生き残った「ベティ」(一式陸攻)の搭乗員たちはオウィ島上空の暗い空には新兵器が潜んでいると伝えた。P-70と夜間飛行のP-38は今や過去のものとなった。これらの間に合わせの機種は、速度でも高高度性能でもあらゆる日本軍機に対抗できる機種、この用途のために設計された機種に取って代わられたのだ。日本軍にとってはさらに悪いことに、この新兵器は「夜目が利いた」のである！

　第6飛行隊は特に素早くP-61の性能を最大限に活用し、戦争終了までに搭乗員たちは撃墜確実16機を達成して、アメリカの夜間戦闘飛行隊すべての中で2位になった［※13］。第6夜間戦闘飛行隊で最も戦果をあげたチームはパイロットのデール・ハバーマン中尉とレーダー手のレイモンド・P・ムーニー少尉から成っていた。彼らは派手なマークを付けたP-61A-1、シリアル番号44-5527「ムーンハッピー」に乗って、撃墜確実4機の戦果で戦争を終えている。

　このようにP-61は最終的には大きな成功を収めるのだが、当初はそれなりの機械的、技術的な不具合(バグ)に苦しんだ。第6夜間戦闘飛行隊のP-61A「スリーピータイム・ギャル」のパイロットだったアーネスト・R・トーマス大尉は以下のように回想する。

　「当時、私たちはサイパンから出撃していました。ある晩、出撃すると、地上迎撃管制員は私たちを1機の侵入機へ誘導しました。それは基地の南でした。ブラックウィドウに搭乗するようになってすぐに、照準器が夜間にはあまり有効に機能しないということがわかっていました。このことは私たちの戦果2機のうちの最初の1機を撃墜したこの出撃で特にはっきりしました。照準器を敵機に合わせると、真円のレティクルが目標を隠してしまうのです。一度斉射して何も起こらないと、目標を見つけるために照準線を下げました。それから照準線を戻し、二度目の斉射で敵機を撃墜することができました。その後、大急ぎでレティクルの上半分を塗りつぶし、目標を視認できるようにしました。

点と下半分のレティクルはそのままです。これは上手く機能したので、新しい第548夜間戦闘飛行隊とともに作戦するために硫黄島へ進出した時にもこのタイプの照準器を使いました」

トーマス大尉は第548夜間戦闘飛行隊で作戦している時に「スリーピータイム・ギャル」で2機目の撃墜を達成した。

「私たちは距離7マイル（11km）で、この『ボギー』を機上レーダーに捕捉しました。地上レーダーの高度情報はいつも信用できるとは限らなかったので、私は機首を上げ下げしてレーダー手が『捜索』で最初の接敵を得るのを助けるテクニックを編み出していました。最初の接敵まで、これで『捜索』の範囲を広くするのです。その『ボギー』が硫黄島の南に向かって低速で上昇する針路を取っている間に私たちが接近を開始しました。そいつは明らかに硫黄島を見つけ損なった様子で、我々にとってはあまりにも低速で飛んでいたので追い越す前に視認することはできませんでした。私の銃手、ジェシ・テュー伍長が双眼鏡ではっきり視認し、一式陸攻だとわかりました。私たちは接近しては、追い越してしまい、レーダーで捕捉するために360度旋回をやって、また接近するということを何度も何度も繰り返しました。

「こんなことが45分続きましたが、その間『ボギー』はずっと、上昇しながら南に向かっていました。私たちは航続距離の限界でしたが、もう少し追撃することを許可されました。間もなく、ジャップのパイロットは水平飛行に移り、私たちは素早くその後につきました。距離600フィート（180m）で視野の端に敵機を視認しました。レーダー手が距離を読み上げます。600、400、200フィート。全く突然、敵機は左に旋回を始めました。私が見つかってしまったのか、パイロットが硫黄島を通り過ぎたことに気づいたのかはわかりません。私は右に旋回してから敵機の後に回り込みました。敵機の右のエンジンに照準を合わせて全火力で短く斉射した後、その真下を通り過ぎましたが、あやうく衝突しそうになりました。一連射で十分でした。敵機のエンジンが火災を起こしたのです。

「こうなれば数秒のうちに目を見張るような派手な撃墜になります。火災の光が眩しかったため、私は機位を失わないために計器に注意

第421夜間戦闘飛行隊のP-61A-1、42-5502「スキッピー」の機付整備長が彼の受け持ち機に出撃前の最後の調整をしている。場所はレイテ島タクロバン飛行場である。この部隊は敵機13機撃墜の戦果で戦争を終えた。(USAF)

第6夜間戦闘飛行隊の地上整備員は部隊の戦闘記録を非常に誇りにしていた。それは、この整備用のトレーラーからもわかる。この部隊があげた16機の戦果のうち、12機がデカールで示されている。背景の機体はレーダー装置の通常の整備を受けているところである。(Vance Austin)

を集中しなければなりませんでした。私が計器板を見つめたとたんに、巨大な爆発で空全体が明るくなりました。私は驚いて、自分の機体がやられたのかと思いました。レーダー手が敵機は爆発して3つに分解したと教えてくれました。それはおそらく、燃料とまだ搭載していた爆弾が爆発したためでしょう。敵機の破片が下の雲の層に落ちていくと、また大きな爆発がありました。我々が敵機を撃墜したのは疑いようがありません！」

ブラックウィドウのパイロットが装備の微調整を続けていた頃、対峙する日本軍はこのノースロップ社製戦闘機がどれほど優秀なのか理解し始めていた。当然、P-61と遭遇しながら機体が無傷で生き延びることができた幸運な爆撃機の搭乗員は帰還すると、同僚に新しいアメリカの夜間戦闘機がどれほど圧倒的に優秀かを説明したことだろう。

第6夜間戦闘飛行隊が装備したP-61は20mm機関砲と銃塔の12.7mm機銃の両方を装備したA型だった。当初は射撃の正確さを向上させるために曳光弾が装填されていたが、その装備はすぐに取りやめられた。曳光弾は、夜間戦闘機の存在に気づいていなかった敵のパイロットの注意を喚起してしまうことがしばしばあるのがわかったためである。20mm機関砲4門には徹甲弾、焼夷弾、高性能炸薬弾という恐るべき組合せが装弾され、ほんの一握りの命中弾で速やかに敵機に致命的損傷を与えることが可能だった。

前述したように、第418夜間戦闘飛行隊は1944年9月初めに彼らのユニークなB-25H「夜間戦闘機」を手放して、P-61に機種転換した。その当時、飛行隊長だったキャロル・C・「スナッフィ」・スミス少佐は夜間戦闘の技術を熟知していることで知られていた。彼は第二次世界大戦のアメリカにおける夜間戦闘のトップエースとして戦争を終えることになる。P-61で5機を撃墜し、サーチライトをくくり付けた「その場しのぎ」のP-38でも2機を撃墜していたのである！

彼のブラックウィドウでの撃墜戦果のうち4機は1晩で達成されたものである。半分は1944年12月29日の晩で、もう半分は30日の早朝だった。以下の引用は彼がその長かった夜を回想したものである。その夜、彼とレーダー手のフィリップ・ポーター中尉は彼らの乗機、有

照明に照らしだされたP-61「ムーンハッピー」に搭乗員が乗り込む。サイパン周辺の夜間哨戒任務に就くためである。レーダー手席は中央胴体の最後部にあり、銃手とパイロットからは離れていた。(USAF)

第6夜間戦闘飛行隊のP-61A-10、42-5598「スリーピータイム・ギャルⅡ」のよく使い込まれたコクピットの写真である。第1章掲載の工場で撮影された内部写真とはずいぶん異なっている。この写真は同機のパイロット、アーネスト・トーマス中尉の撮影である。パラシュートと飛行帽が、それぞれ座席と操縦桿に掛けてあるのも見えている。

1945年2月末、サイパン島で撮影されたミルトン・C・グリーン中尉のP-61B-6、42-39527「ブラインド・デート」である。この時期、第549夜間戦闘飛行隊は硫黄島で「開業」するために、海兵隊が硫黄島を制圧するのを待っていた。(Milton Green)

硫黄島の南飛行場は1945年3月20日以降、終戦まで第549夜間戦闘飛行隊のブラックウィドウで混雑することになる。この写真ではっきりわかるように、火山灰と埃はこの島を基地とする飛行隊の機体には大きな災厄となった。P-61B-6、42-39504「ミッドナイト・マドンナ」のキャノピー部分は防水シートで覆われている。(Milton Green)

ニカニカと笑う地上整備兵が「ムーンハッピー」の刺激的なノーズアートを「まさぐって」いる。第6夜間戦闘飛行隊に支給された初期のオリーヴドラブ塗装のP61-A-1には全機に素晴らしいノーズアートが描かれた。(Vance Austin)

名なP-61「タイムズ・ア・ウェイスティン」[※14]を操って、自らの名を記録に留めたのである。

「あれは月のない晩で、5000フィート(1500m)辺りに雲が散らばっていた。我々の仕事はマニラ湾に向かう輸送船団の掩護だった。最初に我々の防御網を突破しようとしたのは『アーヴィング』(夜間戦闘機月光)として知られた日本軍の双発爆撃機だった。ポーターは私を敵機に向かって真っ直ぐ誘導し、我々は後方から敵機を視認した。私の機位は完璧だった。そこで、短い連射を数回叩き込むと、敵機は完全に炎に包まれて、まるで石のように落ちていった。これは我々の下の船にいた兵たちには素晴らしい余興になった。

「我々はちょうどいい場所にちょうどいい時にいたのだと思う。なぜなら、最初の撃墜の直後に、我々の受け持ち区域に向かってくる侵入機をもう1機発見したのだ。敵機は全く回避機動をせず、最初の撃墜と同じように、素早く捕捉した。一度か二度の短い連射で敵機は炎上しながら墜落した。なんてツイてる夜だ！ その後の哨戒は何事もなく、我々は燃料を補給するために基地に戻った。30日の早朝に同じ区域で働くためにふたたび出撃す

P-61B-2、42-39048「レディ・イン・ザ・ダーク」はその素晴らしいノーズアートのため、長年多くの出版物に取り上げられている。これはサイパンと硫黄島から作戦した第548夜間戦闘飛行隊の機体だった。この機体は第二次世界大戦で最後の撃墜をした可能性があるが、その報告は公式に認められることはなかった。(Ed Jones)

るのだ。弾薬は補給しなかった。すでに2機を撃墜していたし、夜明けまでにさらに敵機撃墜のチャンスがある可能性はとても小さかったからだ。

「我々がふたたび離陸し、我々の受け持ち時間の哨戒を始めるとすぐに、また敵機を見つけた。ポーターが3マイル（5km）先にいる敵機を（レーダーで）探し出したのだ。私は高度500フィート（150m）まで降りるように指示された。それからは、私がやった中でも最もきわどい追撃戦のひとつが始まった。ほとんど海面すれすれだ。その間、低速で追跡するためにほとんどずっとフラップを下ろしていた。私は『俺のレーダー手はレーダースクリーンに何を見ているんだろう』と疑問に思い始めていた。突然、その『ボギー』が見えた。それは『ルーフ』（二式水戦）で、距離約300フィート（91m）だった。私はすぐに真後ろに回り込み、20mm機関砲を短く斉射した。二式水戦は爆発し、海面に激突した。超低高度を飛ぶために、私は神経をとても集中していたので、この撃墜はほんの数秒の出来事のように感じられた」

今や、スミス少佐はその晩2回目の出撃を終えつつあり、すでに3機撃墜を達成していたが、彼の連続撃墜はまだ終わっていなかった。

「明らかに、日本軍はその周辺に船団が航行していることをよくわかっていた。なぜなら、我々が哨戒した区域では敵の活動が活発だったからだ。『ルーフ』が海面に激突してから45分後、ポーターがレーダースクリーンに、ま

この写真の奥でエンジンをアイドリングさせているのはP-61B-1、42-39405「ヴィクトリー・モデル／アノニマスⅢ／ザ・スプーク」である。機付整備長がちょっとした整備の終了後、手早く確認作業をしている。撮影は1945年初夏の伊江島である。メルヴィン・ボード中尉とレーダー手、エイブリー・J・ミラー中尉がこの機体の搭乗員だった。(Mel Bode)

た新たにひとつの光点(ブリップ)を見つけた。敵機は6マイル（10km）先で高度5000フィート（1500m）だった。この時には時刻は0700時になっていて、昇ってくる太陽の光のおかげで、かなり遠くから敵機が見えた。私は今度の敵は我々の手に余ると思った。それは中島キ84『フランク』（四式戦闘機疾風）として知られる日本陸軍戦闘機で、見るのは初めてだった。この飛行機は我が軍のP-47と似ていて、たやすい獲物ではなかった。我々には2つの不利な点があった。すなわち、完全な暗闇がなかったし、ピットストップの時に弾薬を補給しなかったので、どれくらい残弾があるかわからなかったのだ。

「私は思った。少しは残弾があるが、もし疾風を怒り狂わせてしまったら、朝日があるからどこにも隠れる場所がないぞ、と。私は敵機より低い高度で飛び続け、75フィート（23m）まで近づいた。危険なほど近距離で、敵戦闘機が細部まではっきり見えた。これはP-61のパイロットとしては異常な状況だった。私は敵機に20mm機関砲の斉射を喰らわせた。その結果は恐るべきものだった。20mm機関砲弾が何発も命中すると飛行機はどうなるのかを見る初めての機会だった！　記憶に残る光景だった。疾風は単純に分解したのだ。その破片は海に落ちて行き、私は必死になって残骸を避けた。

「時刻は0707時になっていた。我々は基地へ引き返した。着陸して最初にやったことは弾薬を調べることだった。そして、私とポーターは驚いた。4機の敵機に対して、たった382発しか使っていなかったのだ。まだ200発残っていた。あの夜のことはずっと忘れないだろう！」

P-61A-1、44-5528「ジャップ・バッティ」も第6夜間戦闘飛行隊に配備された地味なオリーヴドラブ塗装の初期生産機の1機だった。搭乗員のフランシス・C・イートン中尉、レーダー手のジェイムズ・E・ケッチャム少尉、銃手のウィリアム・アンダーソン一等曹長はこの機体で2機の一式陸攻を撃墜した。ケッチャム少尉は右端に、イートン中尉はその隣に写っている。（USAF）

第418夜間戦闘飛行隊が9月にP-61を受領したのに続いて、第547夜間戦闘飛行隊と第548夜間戦闘飛行隊がP-61を10月に受領し、互いに遠く離れた地域でしっかり戦闘に参加することになる。第547夜間戦闘飛行隊はフィリピン奪還のための戦いで重要な役割を果たし、オウィ島およびタクロバン、レイテ、ミンドラ、ルソン島のリンガエンなどから作戦を行った。このような広大な地域を効果的にカバーするために、これらの主要な基地から複数の分遣隊を派遣していた。戦争終結時にこの飛行隊は6機の敵機を撃墜しており、P-61での初戦果は1944年12月25日だった。

第548夜間戦闘飛行隊は第547夜間戦闘飛行隊と同時期にブラックウィドウでの錬成を開始している。このカラフルな塗装の飛行隊は、新しい戦闘機に描いた凝ったノーズ

第548夜間戦闘飛行隊のジェイムズ・W・ブラッドフォード大尉がP-61A「ミッドナイト・マッドネス」の描かれたばかりのノーズアートを自慢している。この機体は「ミッドナイト・マッドネス」と名づけられた最初の機体で、1945年4月20日の霧による着陸事故で破壊されることになる。（James W Bradford）

アートが非常に有名だろう。彼らの主な任務にはサイパン、硫黄島、伊江島の防空があり、サイパンあるいはグアムと日本の間のB-29爆撃機の主要な航路を哨戒している。戦争のこの時期になると日本側の作戦可能な飛行場が少なくなったため、第547夜間戦闘飛行隊と第548飛行隊には敵の「お客さん」があまりこなくなっていたが、それでも、後者は対日戦勝利までに撃墜確実5機を報じることができた。

太平洋でのP-61の主要な獲物は三菱G4M一式陸攻だった。この爆撃機はP-61の導入以前には、ほとんど損害を出さずにアメリカ軍基地を夜間爆撃することが可能だった。P-61の前任だったP-70は「プロペラにぶら下がる」ようにしても、一式陸攻の高度に届かなかった。「現場で」急いで作られたサーチライト装備のP-38はいくらかの成功を収めたが、敵の夜間攻撃を阻止することはできなかった。1942年末になるとスーパーチャージャー付きエンジンを装備した新型の一式陸攻が前線に現れた。これは時速300マイル（480km/h）以上が出て、上昇限度はさらに高くなっていた。

それ以前の機種と違い、ブラックウィドウは日本軍機が潜んでいるかも知れないどんな高度にも上昇できた。これには敵の海軍機搭乗員は驚愕した。実際、アメリカ陸軍航空隊のパイロットが敵機はレーダーに捕捉された後でさえ、水平に直線飛行しており、回避機動は全く行わなかったと報告することが多かった。

第548飛行隊のジェイムズ・W・ブラッドフォード大尉、レーダー手のラリー・ラント中尉と銃手のリーノー・スコーニ等軍曹はそんな経験をしている。それは、伊江島周辺の防御網を突破しようとした一式陸攻を捕えた夜のことだった。普段のように、彼らの乗機はいつものP-61A-11、シリアル番号42-5610の「ミッドナイト・マッドネス」だった。ブラッドフォード大尉はこの出撃のことを以下のように回想する。

「予想では、決まりきった哨戒飛行で、敵機を発見するチャンスはほとんどなかった。私たちは1835時に伊江島を飛び立った。離陸した時には、まだかなり明るかった。最初の2時間は何事も起きなかったが、2110時に地上迎撃管制員から高度20000フィート（6100m）、距離30マイル（48km）に、我々の方に向かってくるレーダーの光点があると連絡された。私たちは高度9000フィート（2750m）を巡航していたのだが、高度23500フィート（7160m）へとゆっくり上昇した。侵入機を機上レーダーで捕捉した時に、

「ミッドナイト・マッドネス」の伝説は補充機によって生き続けた。全く同一のノーズアートが描かれ、名前の下にローマ数字のIIが付け加えられている。搭乗員は元の機体と同じだった。この写真では地上整備員とともにポーズをとっている。膝をついているのは左からブラッドフォード大尉とレーダー手のラリー・ラント中尉、そして真ん中に立っているのが銃手のリーノー・スコーニ等軍曹である。(James W Bradford)

高度差で有利に立つためである。

「私たちは『ボギー』との距離を詰めていった。距離8マイル（13km）で機上レーダーに捕捉したのだが、接近していく私たちは少なくとも時速30マイル（48km）は優速だった。ラント中尉は距離77000フィート（2100m）まで私たちを誘導し、そこでスコー軍曹が暗視双眼鏡で敵機をはっきり視認した。月は明るく輝き、私たちが1機の一式陸攻を視野に捕らえたことは間違いなかった！ 日本軍のパイロットは私たちが後方にいることは知らなかったのだと思う。なぜなら、回避機動は全く取らなかったし、速度も一定したままだったからだ。

「私は愛機『ミッドナイト・マッドネス』を距離700フィート（210m）まで一式陸攻にゆっくりと近づけた。照準器が一式陸攻を覆うと、素早く3秒間斉射した。何も起こらない。沢山の命中弾があったことは確かだが、真っ直ぐ水平に飛び続けていた。もう一度、今度は5秒間斉射すると、左エンジンに火災が起きた。確実を期するために、三度目の斉射を叩き込むと、火災は大きくなり、一式陸攻の胴体へ向かって広がっていった。異様な光景だった。火災の明りが爆撃機の側面に描かれた巨大な日の丸を照らしだしていたのだ。この時点で、一式陸攻は左に旋回して緩降下し始めた。パイロットは機体をコントロールできているようだったが、やがて急降下を始めた。

「私たちが危険なほど低高度まで追尾していくと、敵機は海面に激突して爆発した。その時、ラント中尉がレーダースクリーンにもう1機『ボギー』を見つけたかも知れないと伝えてきた。しかし、それは一式陸攻が爆発する直前に放り出した『ウィンドウ』だった。その時まで、『ウィンドウ』が使われたことはなかった。この撃墜が終わった時には、私たちの高度は1500フィート（450m）だった。その後の哨戒は何事もなかった」

　敵機との接触が急速に減少していく中で、第547夜間戦闘飛行隊のような部隊はこの戦闘機のために別の任務を探し始めた。同飛行隊のフランシス・J・レイト中尉はブラックウィドウによる敵地侵入攻撃任務の熱心な支持者だった。それは、第5戦闘航空軍団の質問に対する彼の以下の回答に示されている。

「連合軍が制空権を確保しているため、南西太平洋戦域での夜間戦闘機の防御的任務の重要性は小さくなっている。現在、日本軍機の夜間活動は多くはない。

「我々の装備する機材は今まで生産された中で、（戦闘と攻撃の）2つの任

第6夜間戦闘飛行隊の銃手には2つの任務があった。彼らは機銃に装弾するだけでなく、射撃もしたのである。カメラに向かって顔が見えているのはジェリー・K・ルーカス軍曹、絵の描かれたジャケットを着て背中を向けているのはリロイ・ミオッジ軍曹である。ミオッジ軍曹は飛行隊のアーティストだった。太平洋戦線で数多くの出撃をしたベテラン2人が飛行隊のブラックウィドウの胴体下部の弾倉に20mm機関砲弾を装塡しているところである。（USAF）

ルソン島のリンガエン基地はあまりにも混雑したため、第547夜間戦闘飛行隊の駐機場は砂浜の間近まで拡張された。波打ち際と駐機している機体の間に過去の飛行場の使用者の残骸などが積み上げられていることにも注目。この飛行隊は1945年1月16日から終戦までこの基地で作戦を行った。
(Paul Diehl)

務をこなせる最も優れた機種のひとつである。そして昼間戦闘機の優勢により、敵は太陽のない時間帯に活動することを強いられている！　機体をある程度改修することで、我々は防空任務に加えてもうひとつの任務を行い、夜間に敵地侵入攻撃を行う恐るべき戦力になることができる。追加された兵装（爆弾、ナパームそしてロケット弾）と正確な夜間飛行を行う能力があれば、その成果は極めて素晴らしいものになるだろう！

「その有効性は実例で示すことができる。最近、1機のP-61にツゲガラオの飛行場を爆撃する任務が与えられた。2機のアメリカ軍単発戦闘機がルソン島の外の基地から薄暮にその地域に到着していた。暗くなる直前に彼らが目標地域を偵察することになっていたのだ。目標は、しかし、直前になって変更された。P-61が攻撃目標に向かう途中で前線の無線基地から連絡があったのだ。その指示で、第1目標はアパリの目標に変更された。日本軍の将軍1名と彼の幕僚、兵隊400名、そして弾薬集積所の位置がわかった

新品のP-61がハワイのヒッカム基地で梱包から出され、組み立てられているところである。第6夜間戦闘飛行隊と第419夜間戦闘飛行隊に配備された初期のP-61はすべてこの基地で準備されてから、前線に向かった。後になると、多くの新品の機体がガダルカナルに船で送られた。(USAF)

戦争終結が間近に迫る中、第418夜間戦闘飛行隊の機付整備長が独りで彼のブラックウィドウの整備をしている。1945年7月に部隊が沖縄に移動した直後の写真である。対日戦勝利の後、この飛行隊は沖縄に留まり第4全天候飛行隊と改称した。
(Royce Gordon)

第547夜間戦闘飛行隊のこのクルーはカガヤン渓谷で着陸しようとしていた「テス」(中島がライセンス生産したDC-2)を捕捉して撃墜した。(左から航空団司令部からのオブザーバーであるR・L・ジョンソン大佐、パイロットのケン・M・シュライバー中尉、レーダー手のボニー・ラックス中尉、銃手のジョン・C・クロー三等曹長)シュライバー中尉とラックス中尉はその時夜間敵地侵入任務を行っていた。(Roy Oakes)

のだ。
「ブラックウィドウはアパリに飛び、目標に直撃弾を与えた(14時間後にもまだ燃えていた!)。その後、この敵地侵入攻撃機は飛行場を機銃掃射した。双発爆撃機1機と戦闘機2機がそこに駐機していたのだ。続いてツゲガラオの第2目標を低高度から攻撃を行った。攻撃の結果は視認できなかったが、翌晩は友軍陣地への攻撃がなかった。付け加えておくなら、この出撃は月のない夜に3時間の計器飛行が必要な天候で行われたのだ! これはP-61の可能性の新たな一面であると、私はいいたい!」

今や、空中で攻撃目標に出会うことは希になっていたが、第6夜間戦闘飛行隊はサイパン島の基地から長距離哨戒を行った1944年最後の6週間に「幸運の連続」を味わった。この部隊は多くの攻撃目標に遭遇して、1944年12月25日から1945年1月2日の間に9機を撃墜したのだ。1機を除いてすべてが一式陸攻だった。そのうちの1機はロバート・L・ファーガソン中尉とレーダー手のチャールズ・ウォード中尉、銃手のリロイ・F・ミオッジ軍曹のものとなった。彼らの乗機はP-61A-5、シリアル番号42-5554の「ザ・ヴァージン・ウィドウ」で、1944年12月26日の夜だった。第6夜間戦闘飛行隊にとってその夜は戦争中、最も多忙な一夜となった。日本軍はサイパンを攻撃するためにこの戦域すべての一式陸攻を出撃させているかのようだった。ファーガソン中尉はその晩のことを以下のように回想する。

「我々は2200時に緊急発進した。地上迎撃管制官と会話しながらの離陸だった。彼らは高度20000フィート(6100m)を高速で向かってくる1機の侵入機をレーダースコープに捕らえていたのだ。その時点で、敵機までの距離は40マイル(64km)だった。我々は敵機の後方について、接近を開始した。『ボギー』が高度

第550夜間戦闘飛行隊の「オーラミ」のクルーが彼らのブラックウィドウの側でポーズを取る。撮影は1945年初夏のザンボアンガ基地である。パイロットのニューウェル・ウィット中尉は左端、その隣がレーダー手のH・C・オブライアン中尉である。機体の名前は搭乗員の出身地である3つの州の名前、すなわちオハイオ(Ohio)、ルイジアナ(Louisiana)、ミシガン(Michigan)の最初の2文字を組み合わせたものである。(Newell Witte)

ヴィクター・モデナ少佐(ソンブレロを被っている)が第550夜間戦闘飛行隊の隊員とともに乗機のP-61「ザ・ゲイ・ブレイド」の前でポーズを取る。戦争末期になると空中に敵機はほとんどおらず、この飛行隊はサンガサンガとプエルト・プリンセッサから多くの敵地侵入任務を行うことになった。(George Freed)

を下げていたので、追い越してしまわないために時速約120マイル(190km/h)まで減速した。それでは十分じゃない、とウォードがいうので、私はフラップを全部下げた。それから、小さく360度旋回をやって、できるだけ高度を下げるように指示された。その旋回で我々は高度を約6000フィート(1800m)に下げた。しかしそれでもまだ不十分だったので、もう一度360度旋回をやって最初と同じくらい高度を下げた。この一式陸攻は海面すれすれまで高度を下げていたので、私は三度目の旋回を開始して、それが終わった時には高度1500フィート(450m)だった!

「私は不安になってきた。我々は船を迎撃しようとしているかも知れない。もしそうだとすると、海に突っ込んでしまう。その低高度ではレーダースクリーンがクラッター[※15]で一杯になってしまい、我々はその一式陸攻を見失った。我がレーダー手によれば、敵機は我々よりもまだずっと低く飛んでいるとのことだった! この追跡の後、別の2機に誘導されたが、結果は前と同じくらいイライラさせられることになった。その少し後、我々が『止まり木』に戻ると、地上迎撃管制員から我々の方に向かってくる侵入機がもう1機いると連絡があった。距離は45マイル(72km)で、頻繁に飛行高度を変えていた。我々はその『ボギー』と同じ高度にいるために、15000フィート(4600m)までおりた後、17000フィート(5200m)まで戻らなければならなかった。ウォードは距離5マイル(8km)で敵機を捕らえた。

「その時、我々はP-61ではよくある問題に直面していた。我々のほうが時速40マイル(64km/h)速く、攻撃目標を追い越しそうになっていたのだ。フラップを下げると速度が50マイル(80km/h)落ちた。すると今度は、敵機が我々を引き離し始めた。フラップを引き上げると、我々は前に飛び出して、敵機の1200フィート(370m)後方、同高度となった。我々は距離300フィート(91m)まで接近し続け、そこで敵機を視認した。それは一式陸攻だった。攻撃目標の真後ろ、同高度で斉射を放つと、胴体と左のエンジンに命中した。胴体内部で小さな爆発があり、その後赤く輝いた。一式陸攻の搭乗員は今や窮地に立たされていた。機内で火災が発生したのだ!

「我々は危険なほど敵機に接近していた。もし、この爆撃機が爆発し

ジェイムズ・シューラー少尉とレーダー手のアーサー・D・ミラー准尉が彼らのP-61のパイロンに取り付けられたばかりの新しい310米ガロン（1173リッター）タンクを確認している。第550夜間戦闘飛行隊は夜間の長距離敵地侵入任務を行うために、この装備を使い始めた。このタンクは満タンにすると1個で2000ポンド（908kg）の重量があった。(Newell Witte)

ていたら、我々も無事では済まなかったろう。私はスロットルを絞って、右方向へ移った。その結果、我々は敵爆撃機の翼端の先を飛ぶことになった。私は減速を続けて、敵機の後に移動しもう一度斉射をしようとしていた。一式陸攻は速度を失い続け、機首を下げて緩やかに降下していた。この時になると、敵機は胴体中央から尾部にかけて激しく炎上していた。敵機の機首はさらに下がり、海に突っ込んで、その衝撃で爆発した。我々は真夜中に基地に帰還し、そこで20㎜機関砲弾を計100発使用していたことがわかった。『ザ・ヴァージン・ウィドウ』はもうヴァージンじゃない！　わが銃手、リロイ・ミオッジは我々の戦闘機のアートワークを描いたアーティストだった。彼は『ヴァージン』の文字の上に線を描き、彼女の指に指輪を描いたのだった！」

　すべての緊急発進が戦果に結びつくわけではなかった。むしろ、ほとんどの搭乗員は欲求不満を経験することになるのだが、それでも彼らは出撃の緊急要請に大いなる情熱をもって応えた。彼らにはわからなかったことだが、彼らの努力の結果、敵の搭乗員はしばしば途中で引き返したり、あるいは爆弾投下を急ぎすぎたりしていたのだ。

　第6夜間戦闘飛行隊の銃手、ジェリー・K・ルーカス軍曹は12月の最後の日々を以下のように回想した。当時、サイパン島周辺では一時的に敵の行動が活発化していた。当時の搭乗員がどのくらい緊急発進要請を真剣に捉えていたか、そしてなぜ離陸する時刻が非常に重要だったか、彼の回想でよくわかるだろう。

　「他の晩と比べて、とりわけはっきり憶えている晩があります。1944年12月26日のことです。その夜、私が兵装用の小屋にいると、私のクルーが緊急出動を命じられたと伝えられました。機付整備長が大急ぎで私を引っ張り出し、近くに停まっていたトラックで滑走路の端まで連れて行ってくれました。私が愛機に着くと、私のパイロット、ビル・ロベンノルト中尉とレーダー手、リチャード・フィリップス中尉はもう滑走を始めていました。彼らはすでにマグネトをチェックし終わっていたのです。私が

第550夜間戦闘飛行隊の指揮官、ロバート・A・タイラー少佐である。この部隊は第二次世界大戦で最後に編成された夜間戦闘飛行隊だった。彼がポーズを取るのは1945年8月1日の太平洋の前線基地である。(Robert Tyler)

第6夜間戦闘飛行隊のレーダー手のリチャード・フィリップス准尉(左)、パイロットのウィルフレッド・C・ロベンノルト中尉(中央)、銃手のジェリー・K・ルーカス軍曹が駐機場の「ザ・ヴァージン・ウィドウ」の前でポーズを取る。このトリオは色々な機体で多くの夜間迎撃任務を行った。(Jerry Lucas)

前脚のカバーに三桁の数字があるため、このP-61Bは第419夜間戦闘飛行隊の所属機だと容易にわかる。この新型のブラックウィドウの尾部に書かれているシリアルコードは42-39450である。この部隊では名前以外のノーズアートを中央胴体につけた機体は少数だった。この機体はその1機である。
(Don Clancy)

「トリガー・ハッピー」の搭乗員は(左から)レーダー手のフレッド・O・ページⅢ世中尉、パイロットのE・M・ティグナー中尉、銃手のエイブラハム・リンカーン・ステイン三等曹長だった。ステイン三等曹長は第549夜間戦闘飛行隊の最も多く叙勲された隊員のひとりで、1941年初めから太平洋に勤務していた。この写真は1945年初夏に硫黄島で撮影された。
(E M Tigner)

梯子を登って、座席の後の開いていたドアを引き上げた時には、ロベンノルト中尉はフルスロットルで滑走路を疾走していました。時間が決定的に重要だったのです。もし私が30秒遅く着いていたら、彼らは私を残して出撃していたでしょう。

「離陸すると、地上迎撃管制員は我々に針路090度、高度20000フィート(6100m)を指示しました。我々は島の北に向かいました。こちらに向かってくる侵入機は高度16000フィート(4900m)で旋回していました。しかし、どういうわけか、我々はその敵機をレーダーから見失ってしまいました。見つけ出そうとしたのですが、無駄でした。別の敵侵入機が地上迎撃管制員に捕捉され、高度は我々の10000フィート(3050m)下、距離は20マイル(32km)と伝えられました。我々はその敵機を追ったのですが、機上レーダーで捕捉する前に、地上迎撃管制員がその敵機を見失ってしまいました。地上迎撃管制員はそれ以上の敵機をレーダースコープに見つけられず、我々は基地へと引き返しました。この緊急出撃は50分間で、何の戦果も得られませんでした」

　第418夜間戦闘飛行隊も同時期に日本軍水上機のかなり活発な活動に遭遇していた。パイロットのバートラム・C・トムキンズ中尉はその時期に多くの出撃を行った。迎撃しようとするP-61に対して敵が使用した戦術のいくつかを、彼は以下に回想する。

「我々がモロタイ島から作戦していた頃には、敵は我々に対抗する戦術を取っていた。彼らは『ウィンドウ』を大量に使用し、最初は非常に効果的だった。あれは我々の機上レーダーよりも、地上迎撃管制員のレーダーをずっとひどく妨害した。敵が『ウィンドウ』を使って行った戦術は、地上迎撃管制員のレーダーの索敵範囲にはいると『ウィンドウ』を投下して、地上迎撃管制員が混乱することを期待しつつ、やってきたのと同じ航路で離脱するというものだった。

「また、敵は水上機をよく使った。水上機が最初にやってきて、我々をおびき出すのだ。我々がそれを追っかけている間に敵爆撃機がやってきて、まったく邪魔されずに爆撃をするというわけだ。一方、水上機はというと海面に着水して、しばらく待った後、基地へと引き返すのだ。その時は非常に低高度を飛ぶので、我々の地上迎撃管制員には捕捉されないのだ。ジャップはハ

レーダー手のシーモア・バイルスマ准尉とパイロットのロバート・G・グレアム中尉が軍装を整えて、第550夜間戦闘飛行隊の彼らのP-61(「ヘレン」と名づけられていた)に搭乗するところである。両名はフィリピン奪還作戦の陸軍部隊を支援するために、何度か昼間出撃を行っている。(Robert Graham)

ルマヘラ島のてっぺんに地上レーダーを置いていて、目標上空で彼らの爆撃機を誘導し、我々のP-61の攻撃圏内に入らないようにしているのだ、と我々は確信していた」

トムキンズ中尉のレーダー手だったヴィンセント・ワーティン中尉は敵とのそのような遭遇を記憶している。

「ある夜、基地周辺を哨戒していた時に、我々は1機の侵入機に誘導された。距離7マイル(11km)で私が敵を捕捉した時に、迎撃の誘導を私が代わり、距離3000フィート(910m)までトムキンズを誘導した。その距離からは敵の排気炎が見えた。そして、距離2000フィート(610m)になると、ひとつだった排気炎が2つになった! 双発爆撃機を捉えたと我々は思った。敵機は2000フィートよりもずっと遠くにいるように見えたので、我々は増速した。我々は急速に接近し、トムキンズは距離500フィート(150m)でそれがジャップの水上機(フロート)だと気がついた。トムキンズが減速しても間に合わないとわかったので、我々は鋭く360度旋回をやってから、ふたたび追撃した。今度はフラップを少し下ろして、ずっとゆっくり接近した。距離を読み上げ

出撃の合間にサイパンで撮影された「ミッドナイト・ミス/マイ・ペット」である。この第548夜間戦闘飛行隊のブラックウィドウは無傷で戦争を終えた。この飛行隊の余剰となった他のP-61と同様に、この機体は対日戦勝利の直後にフィリピンのクラーク空軍基地に空輸され、最終的には1948年にスクラップにされた。(Walt Wernsing)

P-61A-11、42-5609「バット・アウタ・ヘル」の搭乗員、レーダー手のユージン・P・ダンドレアとパイロットのウィリアム・H・テイムズ大尉が出撃前に地図を確認している。後者は第548夜間戦闘飛行隊の飛行隊作戦士官だった。テイムズは1950年代中頃、アメリカ中西部でB-47の墜落事故により死亡する。(Mel Bode)

第6夜間戦闘飛行隊のレーダー手、ジャン・B・デスクロズ少尉とパイロットのジェイムズ・C・クラムリー中尉、銃手のオーティス・オヘアニ等兵がアメリカ陸軍航空隊のカメラマンのために装備を身につけてポーズを取っている。(Jerome Hansen)

第548夜間戦闘飛行隊のパイロット、ビル・テイムズ大尉が初代の「バット・アウタ・ヘル」P-61A-11、42-5609の前でポーズをとる。彼はこの写真では飛行服を着ていない。(Bill Gates)

ハワイのキパパ・ガルチ基地上空を飛行する塗装も真新しい第548夜間戦闘飛行隊のP-61A-11、42-5609「バット・アウタ・ヘル」。部隊がサイパンに移動する直前の撮影である。(Bill Dames)

ながら、800フィート(240m)まで距離を詰めた。そこで、長い斉射を放った。水上機はバラバラになり、海に墜落した」

この出撃は1944年12月9日の夜に行われた。トムキンズ中尉とワーティン中尉のチームは3機の公認戦果で戦争を終えることになる。そのうちの2機はキ61「トニー」戦闘機(三式戦闘機飛燕)だった。

戦争中に編成された最後の2つの夜間戦闘飛行隊は第549および第550夜間戦闘飛行隊である。前者は1944年5月1日に開隊され、後者はその30日後だった。第549飛行隊は錬成と定数のブラックウィドウを装備した後、ハワイのキパパ・ガルチ基地から前線への移動を始め、サイパンで1カ月を過ごした。その後、彼らの主要な作戦基地は硫黄島となる。硫黄島の日本軍の最後の残存戦力が掃討されるとすぐに、そこで「開業」した。

第550夜間戦闘飛行隊は1944年12月にニューギニアで前線勤務を開始したが、最初のP-61を受領したのは1945年1月6日になってからだった。第549夜間戦闘飛行隊とは異なり、この部隊は広大な作戦範囲を受け持つ任務を与えられ、ミドルバーグ島、タクロバン、ザンボアンガ、サンガサンガ、そしてプエルトプリンセッサなどの基地に分遣隊を派遣しなければならなかった。この両飛行隊

1945年晩春、伊江島で撮影されたフレッド・M・クーケンデール少尉のP-61B-2、42-39428「アワー・パンサー」である。第548夜間戦闘飛行隊の所属機である。他の搭乗員はレーダー手のチャールズ・H・ラウズ准尉、銃手のジョージ・バンクロフト伍長だった。(Joe Weathers)

が戦闘可能になった時には、空中には攻撃目標がほとんど見つからなかったので(第549夜間戦闘飛行隊だけがただ1機の撃墜を報じて、夜間戦闘で戦果を記録している)、その代わりに夜間に敵軍の活動を阻止する任務や、敵地侵入任務を専門とするようになった。特に、第550夜間戦闘飛行隊は空対地ロケット弾と爆弾、ナパーム弾を使用して、この任務に大いに能力を発揮するようになった。

フィリピン侵攻が進展するにつれて、第550夜間戦闘飛行隊はレイテ島のタクロバンに拠点を置き、その地域のアメリカ軍戦力の防衛を主要な任務として与えられた。この任務には通常の防空のための哨戒や陸上および海上の連合軍兵力を防衛すること、そして指示された目標を機銃掃射することが含まれていた。彼らはタクロバンの基地から出撃して、レイテ島全体、そしてセブ島、パナイ島、ネグロス島、ボホール島、ミンダナオ島を作戦範囲にしていた。

第550夜間戦闘飛行隊のパイロット、ロバート・G・グレアム中尉は1945年春にこの部隊に所属して数多くの出撃を行った。以下に彼の回想を紹介する。

「ネグロス島へ飛んだ出撃は憶えているよ。ちょうど数人のパイロットの補充を受けたところだったんだが、そのうちのひとりが私の僚機として飛ぶことになったんだ。この出撃が、私がやった中でも最も際どい機銃掃射任務のひとつになったんだ。その新米パイロットはドン・コスキー中尉といった。離陸前、何かアドバイスは有りませんかと彼が尋ねてきたので、このタイプの任務ではより低く、より速く飛べば、より安全になるんだと答えたのさ。

「我々の割り当てられた仕事は夜明け前に船団と上陸部隊の上空を掩護することだった。明るくなると、歩兵部隊から無線連絡で何が一番厄介になっているかを知らせてくれることになっていた。そして、我々が地上すれすれまで降りて、機銃掃射するというわけだ。夜が明けると、日本の地上軍は山岳地帯に撤退していることを知らされた。彼らはそこにいくつかの野砲陣地を作り上げて、味方地上軍に対して効果的な砲撃をしていた。我々に与えられた任務は、これらの野砲を取り除くことだった。私はコスキーに後に続くように無線で伝えた。これら野砲は我々の攻撃を非常に困難にするような位置に設置されていた。山が険しいので、機銃掃射を行った後には

「ノクターナル・ニューサンス」の前でポーズを取るハロルド・バーデュー軍曹。このP-61は第421夜間戦闘飛行隊の所属機である。撮影は1944年8月のヌンフォール島。(Harold Burdue)

旋回して、やってきたのと同じ路を戻らなけりゃいけなかったんだ!
「最初の航過で私は全火力で斉射し、日本軍はありったけの反撃をしてきた。突然、コスキーが無線で連絡してきて、撃たれたと叫んだ。まだ飛行可能かと尋ねると、彼は『はい』と答えた。引き返してふたたび敵の対空砲火の射程を通り抜けると、彼に友軍が占領したばかりのパネイ島の小さな飛行場に行き、そこで私を待つように伝えた。私はふたたび攻撃目標に戻り、残りの20mm機関砲弾を使い切った。私が着陸した時には、コスキーは彼の乗機の翼に上って前縁から木の太い枝をほじくり出そうとしているところだった。7インチか8インチはあったな! それは彼の初出撃のとんでもない記念品だったし、P-61の頑丈さの証明でもあったんだ!」

第549夜間戦闘飛行隊はただ1カ所の基地から作戦を行った唯一の飛行隊だった。すべての搭乗員が多忙になるほどの敵の活動がその基地周辺にあったのだ。硫黄島はアメリカ海兵隊が奪取してからも数カ月は「危険な戦場(ホットスポット)」であり続けた。ようやく硫黄島の飛行場が安全になったと判断された後、1945年3月20日に第549夜間戦闘飛行隊はついにサイパンからやってきたのだ。

第549夜間戦闘飛行隊の任務の大きな割合を占めたのが洋上の長距離哨戒で、その多くは長時間の苛立ちが募る迎撃任務で参加した搭乗員にとって得るものはほとんどなかった。それでも、この飛行隊はほとんどの敵爆撃機を硫黄島に近づかせないことに成功した。敵機はしばしば、やってきた時よりも高速で離脱していった。その結果、P-61の搭乗員は希にしか射撃できる距離まで「ボギー」に接近できず、第549夜間戦闘飛行隊は唯1機の公認撃墜戦果を記録しただけだった。

第549夜間戦闘飛行隊のP-61B-6、42-39504「ミッドナイト・マドンナ」はもっぱら2人のパイロットが操縦していた。ドナルド・W・ワイチライン中尉とフランク・L・ウィリアムズ中尉である。この写真は1945年春の硫黄島で撮影された。(Don Weichlein)

　この飛行隊に所属したレーダー手、ジョージ・W・ヘイデン准尉は彼が体験したちょうどそのような出撃任務の詳細を思い出してくれた。

「1945年6月1日、私のパイロット、ウィリアム・シル少尉と私は侵入してきた1機の日本軍機と長時間のドッグファイトをやったんだ。2時間以上も続いて、硫黄島から日本本土までの距離の三分の一を飛ぶ羽目になった。私たちはこの敵機を島からの距離40マイル（64km）で迎撃した。我々が距離を詰めると、下方の海面にいくつかの閃光が見えた。爆撃機が搭載していた爆弾を投下して、それが海面に当たって爆発したんだ。

「この侵入機は全速でその地域から去っていこうとしていた。敵の搭乗員は『ウィンドウ』やその他のレーダーを妨害するテクニックを使っていた。そのうちのひとつはレーダースコープに雪が降りしきるようになる効果があって、敵機の輝点を拾い出すのが困難になった。他の妨害手段ではスクリーンに斜め45度に交差した点線が沢山現れた。そいつは『格子状妨害（グリッド・ジャミング）』と呼ばれていたと思う。彼らは大抵、我々が3000フィート（910m）以内に近づいた時にそれをやった。そして、その距離で激しい回避運動を始めた。しかし、彼らはすぐに我々を振りきれないことを理解した。そこで、彼らは彼らの一番の長所を活かすようになったんだ。つまり、高高度性能だ。

「彼らはいつも、高度34000フィート（10400m）に留まっていて、一方我々は高度30000フィート（9150m）足らずで限界だったんだ。我々にできることといえば、月夜に明るく輝いて見える彼らの飛行機雲を見上げることだけだった。あの晩、敵はいたるところにいたんだが、信じてくれよ、敵は我々がどこにいるかをいつでも知っていたんだ。二度敵機に600フィート（180m）まで近づいたんだが、敵が回避行動を始めてしまった。途中、高度18000フィート（5500m）で敵に接近中に、敵機と我々は厚い雲の層に通り抜けた。ここでも、我々の運のなさは変わらなかった。というのも、雲の内部は凍りつくような湿気で充満していたんだ。我々が雲を抜け出ると両翼に厚く氷着していて、我々はヨロヨロ飛んでいる状態だった。氷を落として追撃を続行するのに数分かかった……日本がどんどん近づいていた！

「こいつをはっきりと視認できる距離には一度も近づけなかった。第548夜間戦闘飛行隊も1機の敵機を追っかけて同じような結果になったことを事実として知っている。彼らの報告では、彼らが追ったその敵機は視認できる距離には彼らを決して近づけさせなかった。そして射程距離に接近しようとすると、時々、緩横転やその他の機動を行った。あれは連合軍のコードネ

ームで「マート」と呼ばれた非常に洗練されたジャップの飛行機（中島C6N彩雲）だったと私はずっと信じている。あの機体はあらゆる種類のレーダーを装備していた。敵機はいつでも我々がどこにいるかわかっていたんだ」

P-61が太平洋で作戦を行った短い期間に、その運用部隊はあの悪名高い日本のプロパガンダ放送局のアナウンサー、「トーキョー・ローズ」に放送で何度も言及された。もし彼女が特定の部隊をラジオで取り上げたなら、それはその部隊がちゃんと仕事をしているという意味だ、というのが連合軍兵士たちの共通認識だった！　ロバート・グレアム中尉はそんな放送を記憶している。そして、それが危うく惨事を招きそうになったことも。

「その時、我々第550夜間戦闘飛行隊の分遣隊はモロタイ島を防衛する任務を負っていた。我々は3機を装備していて、オーストラリア軍部隊とそのスピットファイアに交替するところだった。いうまでもないが、日本軍は我々の移動を全部知っていた。

「オージー（オーストラリア軍）が任務に就いた最初の晩に、ジャップは強力な攻撃をかけてきて、我々を爆弾でひどい目に遭わせてくれた。敵は弾薬集積所のひとつをやったのだ。「トーキョー・ローズ」がラジオに出てきて、『あれはモロタイ島の坊やたちのお気に召しましたか？　もう一度今夜も同じものをお見舞いいたしますわ』といった。我々はジャップが午後10時から真夜中の間にやってくるのが好きなのを知っていたので、オージーに今夜は自分たちにやらせて欲しいといった。我々が離陸して迎撃の用意が整うと、地上迎撃管制員がレーダースクリーンに敵味方不明機が1機いるというのが聞こえた。『敵味方不明』というのは、IFF（敵味方識別装置）の反応が全くないということだった。

「我々はその目標を追跡して、真後ろについた。あとは射撃をするばかりだった。その時、地上迎撃管制員が無線で連絡してきて『撃つな、味方の戦闘機だ！』と叫んだんだ。結局、それは出撃していたオージーのスピットファイアの1機だったのだが、そのタイミングは最悪の結果を招きかねないものだった。すべての連合軍機はIFFを装備していたが、そのスピットのIFFは作動していなかったのだ」

グレアム中尉は53回の出撃を行って第550夜間戦闘飛行隊での前線勤務を終えた。戦闘飛行時間は全部で175時間強だった。

第549および第550夜間戦闘飛行隊は戦争が終わってからも、太平洋で活動を続けた。後者は最終的には1946年1月1日に解隊され、第549夜間戦闘飛行隊は2月5日にそれに続いた。

戦後、ブラックウィドウはアメリカ陸軍航空隊/アメリカ空軍の編成から急速に消え、全天候迎撃任務は1947〜48年にノースアメリカンF-82ツインマスタングに取って代わられた。1940年代の終わりが近づくにつれて空軍は全戦力をジェット機にする方向に進み、F-82の運用期間も同様に短かった。「街の新顔」であるF-89とF-94の運用がすぐに開始されたのである。

訳注
※12：Dame de la Nuit。フランス語で「夜の婦人」という意味。
※13：おそらく著者の勘違いと思われる。2位は18機撃墜の第418夜間戦闘飛行隊。付録の撃墜機数一覧を参照。
※14：Time's-A-Wastin'。ジャズの曲名。
※15：地上からのレーダー波の反射。

chapter 5

中国・ビルマ・インド戦域
china/burma/india theatre

　ブラックウィドウは太平洋での目覚ましい活躍に加えて、中国、ビルマ、インド（CBI）というもうひとつの広大な地域でも夜間哨戒任務を行うために必要とされた。実際、中国とビルマだけで作戦範囲は400万平方マイル（約1千万km²）以上になったのである。CBI戦線はまた、100万人以上の日本軍の「ホームグラウンド」でもあった。この広大な連合軍戦線の夜間防空の任務はアメリカ陸軍航空隊のたった2個の夜間戦闘飛行隊すなわち、第426夜間戦闘飛行隊と第427夜間戦闘飛行隊に課せられた。両飛行隊はできるだけ任務の「網を広げる」ために、多くの分遣隊を各地に派遣することになる。そのことによって日本軍機が夜間に侵入してくるのを抑止しようとしたのである。戦争終結時には第426夜間戦闘飛行隊は5機の撃墜を記録していた。一方、第427夜間戦闘飛行隊はついに1機も撃墜を記録できなかったが、これはこの飛行隊が空対地攻撃任務を行っていたことを反映している。

　この2個飛行隊はちょうど30日の間を置いて編成され、錬成期間中はお互いに近い場所にいた。もともと、両飛行隊は別々の戦域に派遣される予定だった。第426夜間戦闘飛行隊はインドに向かうことになっており、第427夜間戦闘飛行隊は地中海へ、さらにその後、特別任務でソビエト連邦へ派遣されることが計画されていた。

　第426は1944年8月初めに予定通りにCBI戦域に派遣され、まだインドのマダーイガンジ近くに駐屯していた翌月の25日に最初のP-61を受領した。部隊はその後、10月5日に中国に移動し、数多くの分遣隊を支援するため作戦活動の中心を成都に据えた。第426夜間戦闘飛行隊の司令部は1945年3月まで成都に置かれることになる。

　一方、第427夜間戦闘飛行隊はソビエトへの移動を共産主義者に拒否さ

第426夜間戦闘飛行隊の2人がP-61A-10、42-5619「サタン13」の前に立つ。コクピットに座っているのはジョン・ベンバートン大尉である。写真が撮影された場所は中国におけるこの飛行隊の前進基地のひとつである。(George Bushaw)

れたため、保有していた飛行機とともにエジプトで立ち往生した。その後、部隊は1944年9月3日にイタリアのポミリアーノへ移動した。その頃になるとP-61の複雑な機構にも慣熟してきていた。しかし戦争のこの段階には、枢軸側の航空機は南ヨーロッパの空からすっかり掃討されていた。この戦域にすでに展開していたアメリカ陸軍航空隊の4個夜間戦闘飛行隊の成果である。そのため、ジェイムズ・S・マイケル中佐が率いる第427飛行隊は、代わりにインドのバラクプールに派遣された。しかし、この場所は作戦活動をする基地には適当ではなかった。というのも、基地の第一の役割はこの戦域に船で輸送されてきた航空機の主要な組立センターだったのである。ちなみに、第426夜間戦闘飛行隊に配属された新しいP-61はすべて、この飛行場を経由していた。10月の終わりには、第427夜間戦闘飛行隊は同じくインドのパンダヴェスワルに移動したのだが、そのおかげでビルマおよび中国に分遣隊を送り出す上で戦略的にずっと有利な配置になった。

「ブラック・ジャック」が日の出ている間に翼を休める。コクピットには砂埃を防ぐための防水布が掛けられている。第426夜間戦闘飛行隊が展開した僻地の前進基地では砂嵐が吹くのはよくあることだった。このP-61Aにはグレン・E・ジャクソン中尉（パイロット）とフランク・N・モラン中尉（レーダー手）が搭乗した。(Glen Jackson)

話を第426夜間戦闘飛行隊に戻すと、引っ張りだこの第311戦闘航空群のP-51Bを爆撃機基地の防衛任務から解放するため、この部隊は急いで中国に派遣された。しかし、第311戦闘航空群にその任務が与えられたもともとの理由は、以前にその任務をしていたP-47に比べてマスタングは少ない燃料で済むからであった。ヒマラヤ山脈を越えて運ぶため、燃料は中国では貴重な物資だったのだ。実際のところ、「ハンプ」[※16]を越えて運ばれた燃料の大半は「ガソリンをがぶ飲みする」B-29によって消費されていた。

ジョン・ウィルフォング大尉のP-61A-10、42-5615「アイル・ゲット・バイ」のクローズアップ。彼が1944年11月21日に日本軍の爆撃機を撃墜した直後の撮影である。この写真に写っている機付整備長の氏名は不詳。(John Wilfong)

任務を交替するに当たって、第426夜間戦闘飛行隊は保有機が定数に数機足りなかったため、第427

第426夜間戦闘飛行隊のトップスコアを記録したチームが乗機のP-61A-10、42-5626「ジンボウ・ジョイライド」の前でポーズをとる。機体には彼らの記録した2機分の撃墜マークが見える。左がレーダー手のジェイムズ・R・スミス少尉、右がカール・J・エイブスマイアー大尉である。このペアは3日間で2機の九九双軽を撃墜した。(Carl Absmeier)

インドの組立施設で新品のP-61が輸送船から降ろされ、梱包から出されて部隊配備の準備をされている。(配備されるのは第426夜間戦闘飛行隊か第427夜間戦闘飛行隊のどちらかである) ADFアンテナがまだ中央胴体上部に装備されていないことに注目。(Garry Pape)

夜間戦闘飛行隊のP-61から8機を与えることが決定された。この決定は第427夜間戦闘飛行隊の将兵の間では不評であった。

　第427夜間戦闘飛行隊はふたたび定数の機体を受領するのを待ったあと、ついに1944年末に戦力を整え、新たな主基地となるビルマのミートキーナへ移動する準備を終えた。しかし、技術的な問題のためにパンダヴェスワルでさらに足止めされることになる。戦場でより信頼性をもたせるために、機体および通信関係の技術要員がこの新鋭機に大幅な改修を加えなければならなかったのである。最も時間がかかった2つの仕事はラジオコンパスの搭載と尾翼のすべての舵面の改修だった。尾翼の舵面は工場でドープをスプレーで吹きつけられていたのだが、CBI戦域では天候が過酷なため、ドープをブラシで塗った方がよいということが判明したのだ。この作業をす

れば、舵面の使用できる期間はずっと長くなった。

　これらの技術的問題とは別に、燃料不足のため第427夜間戦闘飛行隊はもう少しでP-61を取り上げられるところだった。この戦域には2個の夜間戦闘飛行隊は必要ないという雰囲気があったのである。マイケル中佐は最悪の場合を恐れて、部下のパイロットがP-47サンダーボルトに試乗する許可まで得た。もしP-61を飛ばせなくなったら、昼間戦闘爆撃任務で部隊が何とか存続するためである。幸い、第427夜間戦闘飛行隊は愛するブラックウィドウを手放さずに済んだ。

　B-29が日本本土の目標の爆撃に成功するようになると、間もなくB-29の基地は敵夜間攻撃部隊から最優先の攻撃目標に指定されたのである。敵がその攻撃を二度行った後（1944年9月8/9日と9月26/27日）、カーティス・ルメイ大将はついに夜間戦闘飛行隊の展開を求め、10月6日の前夜（正にその夜、日本軍は三度目の大きな攻撃を行う計画だった）に第426夜間戦闘飛行隊の分遣隊が成都に到着した。その夜が終わる頃には、敵は攻撃をかければ自分たちも気づかれずには済まないと知ることになった。ただし、日本軍には散発的な攻撃を続けるより他に選択肢がなかったのだが。日本軍の最後の攻撃は1944年12月19日だった。日本軍の合計10回の攻撃で、P-61はわずかに43機の敵機と遭遇しただけだったので、敵に与えた損害も少なかった。

ウォルター・ストーク大尉が乗機のP-61A-10、42-5623「スウェッティング・ウォリー」のコクピットに座り、カメラに向かって微笑んでいる。ストーク大尉はカリフォルニア州ハマーフィールド基地で第427夜間戦闘飛行隊が開隊された当初から部隊に所属し、そこで訓練を受けたパイロットのひとりだった。
(Fred Blanton)

第426夜間戦闘飛行隊の2機のP-61が山岳地帯から谷へ降りていく。前進基地周辺の地域慣熟飛行を終えて帰還するところである。夜間、ブラックウィドウの搭乗員は河川や道路を手がかりにして、トラックや移動中の地上部隊を探すことになる。
(Albert Gann)

ウィンストン・W・クラッツ大佐（右）がロバート・R・スコット大尉を祝福する。スコット大尉が第426夜間戦闘飛行隊の初戦果を記録したのだ。乗機はP-61A-10、42-5616「メリー・ウィドウ」だった。クラッツ大佐はアメリカの夜間戦闘機部隊の後見人すなわち「ゴッドファーザー」と見なされていた。彼は夜間戦闘機搭乗員の中核となった最初の搭乗員の採用に関わったのである。(L C Reynolds)

ジョン・J・ウィルフォング大尉（左）がレーダー手のグレン・アシュリー中尉とともに中国での長距離夜間出撃の後、戦果を祝っている。このクルーは第426夜間戦闘飛行隊が最後の任地である中国に展開する際、ヒマラヤ山脈を越えてP-61を空輸している。(Bob Brendel)

　B-29の基地に対する空襲の際にP-61の搭乗員が実際に発見した敵機は多くなかったが、夜間に連合軍のレーダーが追尾した敵機の活動はかなりの量だった。このため、第426夜間戦闘飛行隊は昆明と人も羨む西安に分遣隊を送り出した。たとえば、10月29日の夜、ロバート・R・スコット大尉とレーダー手、チャールズ・W・フィリップス准尉（乗機は彼らの愛機のP-61A-10、シリアル番号42-5616「メリーウィドウ」）は高度11000フィート（3350m）で彼らの哨戒地区に侵入してきた単機で飛行する川崎キ48「リリー」（九九双軽）を迎撃した。彼らの地上迎撃管制員は距離40マイル（64km）で侵入してくる敵機を捕捉し、スコット大尉はスロットルを前一杯に押して、できる限り素早く接近した。

　彼は接近の間に2回針路の指示を受けながら、高度5000フィート（1500m）の「止まり木」から敵爆撃機と同じ高度まで着実に昇っていった。彼らは距離3マイル（5km）で敵機を機上レーダーに捕捉し、敵に気づかれることなく距離1000フィート（300m）まで接近した。そこで、敵機をはっきり視認した。その時には九九双軽は対気速度たった時速120マイル（190km）で緩やかに上昇していた。距離500フィート（150m）でスコット大尉が射撃を開始すると、敵機のパイロットは左方向に鋭く旋回しながら急降下して回避機動を始めた。その後、戦闘は5分間にわたる格闘戦となり日本軍機のパイロットは忍び寄った追跡者（ストーカー）を振り払おうとあらゆる機動を行った。

　高度4000フィート（1200m）まで降りた時に、P-61のパイロットはふたたび射撃位置に着いた。高速で急降下しながらスコット大尉がもう一度20mm機関砲を斉射すると、弾丸は目標の右主翼とエンジンの一帯に命中した。爆撃機から火のついた破片が飛び散り、右エンジン下面から炎が噴き出した。スコット大尉はその時気づいた。敵機までの距離が近過ぎるし、敵機は爆発するかも知れない、と。スコット大尉は右に鋭く旋回し、上昇に移った。高度は3000フィート（910m）まで下がっていたのだ。九九双軽は機首を起こすことなく、地面に激突して爆発した。P-61の搭乗員は基地に帰還してから、1枚のプロペラブレードに飛び散った敵機の破片で深い傷が入っていることに気づいた。これが第426夜間戦闘飛行隊の最初の公認戦果だった。

中国の前進基地では昼間の地域慣熟飛行が日常的に行われていた。この写真はちょうどそんな飛行任務を終えた後、飛行場上空を航過する際に2機目のブラックウィドウから撮ったものである。場所はおそらく安康か梁山だろう。もう1機の第426夜間戦闘飛行隊のP-61が離陸しようと待機しているのが見える。(Joe Greenbaum)

その3週間後、ジョン・J・ウィルフォング大尉とレーダー手、グレン・E・アシュリー中尉は愛機のP-61A-10、シリアル番号42-5615、「アイル・ゲット・バイ」[※17]で通常の哨戒任務に発進した。ウィルフォング大尉はその出撃の詳細を以下のように回想する。

「離陸の後、我々は地上迎撃管制員の指揮下に入った。彼はすぐに高度6000フィート(1800m)を飛ぶ敵機へ誘導してくれた。しかし、我々の接近速度が速すぎたため、目標を追い越して見失ってしまった。数分後、同じ高度を飛ぶ別の敵機に向かってふたたび誘導された。針路は270度だった。地上迎撃管制員は我々を距離4マイル(6km)まで誘導し、そこでアシュリー中尉が機上レーダーのスクリーンに『ボギー』を捕捉した。接近していくと、敵機は回避機動を始めて、高度14000フィート(4300m)まで急上昇を開始した。我々は距離を詰めていった。明るい月夜だったので、距離600フィート(180m)で敵機を視認することができた。それは日本軍の『ダイナ』(三菱キ46百式司偵)だった。5度上方、5度右方向の位置から、20mm機関砲を素早く斉射した(たぶん40発ぐらいだったろう)。私が射撃を止めたとたん、百式司偵は我々の前で爆発した。あれは教科書通りの迎撃だった!」

百式司偵は日本軍の主要な双発偵察機であり、CBI戦線では両陣営で最も速い機種のひとつだった(最高速度は600km/h以上)。その速度性能と高度35000フィート(10700m)に到達できる高高度性能でアメリカ陸軍航空隊が繰り出すどの機種にも対抗できたが、夜間偵察にはその長所はどちらも役に立たなかった。百式司偵の搭乗員は任務を達成するために速度を落として、ずっと低高度を飛ばなければならず、そのためブラックウィドウの容易な獲物になったのだ。なお、百式司偵は写真偵察の他、中国戦線では改修され戦闘爆撃任務を行っている。

クリーニングや調整などをやりやすくするため、兵器担当の整備員が「ジンボウ・ジョイライド」の20mm機関砲を取り外して作業している。施設の整っていない前線では、こうした兵装を常に手入れしておくことが非常に重要だった。なぜなら、第426夜間戦闘飛行隊のブラックウィドウの機体内武装は20mm機関砲だけだったのだ。(Carl Absmeier)

第427夜間戦闘飛行隊のP-61A-10、42-5633「ベティ・ジーン」である。撮影は1945年初頭の前進基地（おそらく重慶）である。この部隊の分遣隊には小規模なものがあり、たった2機で構成されている隊もあった。(Ed Best)

戦争終盤になると、多くのP-61装備の飛行隊は翼下に爆弾やロケット弾、ナパーム弾を装備して夜間敵地侵入任務で効果的にP-61を使用した。これは第427夜間戦闘飛行隊の機体に取り付けられたばかりのロケットチューブと爆弾架の写真である。(Don Hagen)

日本軍はCBI戦線でP-61の運用が開始されたことをはっきりと知っていたし、その優秀さもよくわかっていた。しかし、戦線全体をカバーするには戦域に配備されているP-61の数が非常に少ないことも知っていたので、日本の爆撃機の搭乗員の多くは安心していた。敵の諜報部がCBI戦線のブラックウィドウの数がいかに少ないかを把握していたことに、アメリカ陸軍航空隊でさえ驚いたことがあった。それは以下のような事件で明らかになったのだ。

第426夜間戦闘飛行隊の本隊から遠くに派遣されていた分遣隊がP-61の搭乗員を待機させていたところ、迎撃任務のために離陸するように命令が出た。ところが離陸のためにタキシングしている途中で、脚のロック機構が不意に解除されて、左の主脚が引き込んでしまった。その結果、片方のプロペラが曲がり、左胴体が少し損傷した。その翌日、ラジオ放送で「トーキョー・ローズ」がそのことに触れ、その分遣隊には飛行可能なP-61が2機しか残っていないという事実を話したのだった！　彼女の情報源はついに突き止められなかった。

中国の地形は大変険しいため、地上の管制員のレーダースクリーンに絶えず反射波（エコ）が現れ（スクリーンの半分を山岳が占めてしまうこともあった）、敵機を捕捉するのはとても困難だった。日本軍はこの戦域でのそれまでの経験でこのことを見つけ出していたので、ほとんどの嫌がらせ攻撃は地上すれすれに飛行して行うようになった。地上迎撃管制員の助けなしではP-61のレーダーで遠距離の敵機を捉えることは全く不可能であり、第426夜間戦闘飛行隊と第427夜間戦闘飛行隊が自由裁量（フリーランス）で迎撃を行うことはほとんど不可能だった。

日本軍の嫌がらせ攻撃の回数が減少すると、夜間戦闘機が防衛任務だけに従事していることを正当化するのは難しくなった。有能なP-61がたったひとつの任務しか行っていない時には、それについてかなり議論があったのである。そこで、第14航空軍司令部は第426夜間戦闘飛行隊に対して夜間敵地侵入任務に参加する許可を

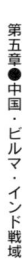

ミートキーナは第427夜間戦闘飛行隊のビルマにおける主要な中継基地だった。1944年末に撮影されたこの写真には、飛行隊保有機のほとんど全機が捉えられている。P-61の左側に駐機しているB-25にも注目。(Glenn Holcomb)

第427夜間戦闘飛行隊所属の氏名不詳のパイロットが夜間敵地侵入任務の出撃前に親指を立てて合図をしている。胴体の三日月のシンボルは通常の哨戒任務の回数を示しているものと思われる。一方、稲妻が三日月を貫いているものは地上の攻撃目標に対して行った夜間敵地侵入任務を表しているのであろう。(Don Loegering)

与えた。第426夜間戦闘飛行隊による敵地侵入任務は西安、安康、梁山の前進基地から行われ、敵地上部隊の移動や休息を妨害することが第一の任務だった。任務が変わったため、飛行隊の機体に改造された爆弾架が追加された。爆弾と20mm機関砲の組合せによってこの飛行隊はほとんどの攻撃目標に対してかなりの損害を与えることができた。

この攻撃任務に参加したP-61のうちの1機がシリアル番号42-39365のP-61A-10、「ブラック・ジャック」だった。その搭乗員だったグレン・ジャクソン大尉は最初の頃の敵地侵入任務を以下のように回想する。

「我々は安康から出撃して、基地東方の10000フィート（3050m）の山脈を越えた谷で夜間に見つけたものを何であれ機銃掃射し、爆撃した。我々は山脈をゆっくり越えて降りてゆき、狩りを始めた。攻撃目標で多かったのは、トラックの輸送部隊、橋、列車、そして地上軍の野営陣地だった。野営陣地は見つけるのが簡単だった。兵隊が料理に使用していた小さな炭火ですぐにわかった。

「我々のお気に入りの外部兵装はナパーム弾と普通爆弾、パラシュート式破片集束爆弾と対人爆弾の組合せだった。トラックの輸送部隊を見つけた時は、先頭のトラックを機銃掃射して走行不能にするのが理想だった。そうすれば路を塞いで車列全体が停まるのだ。それに、彼らはライトを点けずに走らざるを得なかったので、我々が先頭のトラックを止めると、いつも数台のトラックが衝突事故を起こすのだ。こうすれば、20mm機関砲を斉射しながら何度か航過するのが容易になった。狭い谷に降りて機銃掃射しなければならないことも多かった。ナパーム弾がすべてを照らして初めて、いかに狭い谷間を飛んでいるのか知った時もある。時々、日本軍は時限式の迫撃砲弾を我々に対して使用した。彼らは我々が頭上にきたところで迫撃砲弾を発射し、それが目の眩むような閃光を発して爆発するのだ。ゾッとはしたが、効果は全くなかった」

第427夜間戦闘飛行隊の機には2月中旬までに4.5インチロケット弾用のチューブが装着され、その結果、対地攻撃に使える新兵器3種が揃った（爆弾とナパーム弾が他の2種類）。20mm機関砲との組合せで、この戦域における最も恐るべき戦闘爆撃機となったのである。

1945年3月27日には、この部隊はラシオ［※18］南方の道路網で敵を掃

第426夜間戦闘飛行隊の初撃墜をスコット大尉が記録した直後に、歴戦の士官たちがスコット大尉のブラックウィドウの側に集まった。立っている人物は左から、ローン・レイノルズ大尉、スコット大尉、ウィルフォング大尉、氏名不詳、第426夜間戦闘飛行隊指揮官のウィリアム・ヘルリーゲル少佐である。膝をついている人物のうち、右から2人目は飛行隊作戦士官のロバート・ヘイムリック少佐である。(George Porter)

討する任務にすっかり慣熟していた。あるP-61は4夜で7回出撃し、計2000ポンド(900kg)の爆弾を投下し、26発のロケット弾を発射して1825発の20mm機関砲弾を消費した。2週間後、第10航空軍司令部は第427夜間戦闘飛行隊に昼間および夜間に攻撃的偵察任務を開始する許可を与えた。

　この任務は成功し、その結果、前線基地にいた第427夜間戦闘飛行隊のクルーにはP-51の掩護を受けながら昼間に敵地侵入攻撃任務を行うものも現れた。この任務の目的には、P-61の搭乗員が土地勘を養い、夜間に同じ地域でさらに効果的に作戦できるようなることも含まれていた。

　両飛行隊とも今や、あらゆる任務に彼らの乗機を最大限に活用していた。たとえば、第426夜間戦闘飛行隊は1カ月間に156発の100ポンド(45kg)爆弾を投下し5000発以上の20mm機関砲弾を発射したと記録に残っている。

　ジェラルド・スタイン中尉はこの時期に第426夜間戦闘飛行隊のパイロットのひとりだった。彼はレーダー手のジェイムズ・ロジャーズ准尉とともに行ったそれらの出撃のひとつを以下のように回想する。

「我々は長安を未明に飛び立った。低空での任務だった。この夜は、敵の鉄道での活動を監視する予定だった。午前2時頃離陸し、黄河の上流に向かって最初の鉄道まで飛び、そこで針路を北に取って、線路沿いに90マイル(145km)進んだ。それまで小口径の火器に散発的に撃たれていたのだが、その時、突然1発が機関砲の部分に命中し装弾していた20mm機関砲弾の1発が爆発した。しかし、目に見える損害はなかったので、そのまま任務を続行した。

「さらに20マイル(32km)進むと、以前に損傷を与えた鉄道橋が溶接で修理されているのを見つけた。我々は翼を翻して、機銃掃射をしたが、目に見える攻撃結果はなかった。我々はあまりに低空を飛行したので、あやうく修理部隊のトラックの運転室を引っかけるところだった。我々はさらに北に向かったが、燃料が残り少なくなってきたので、やむなく針路を反転した。40マイル(64km)戻ると、線路にヘッドライトが反射しているので列車がやってく

るのがわかった。旋回して後方から攻撃目標へ接近し、右後方から機銃掃射しつつ航過した。どこで20㎜機関砲弾が収束しているのかよくわからなかったが、レールに火花が散っているのが見えたので、それをちょうど機関車の上まで動かしていって、通過させた。我々は徹甲弾を使用していた。我々が機関車の上を通り過ぎる時に、ロジャーズが機関車から蒸気が一筋噴き出していたと知らせてくれた。そういうわけで、あの汽車を止めたと思う。

「もはや燃料はギリギリだったので、基地に向かった。着陸しようとする時に、左のエンジンのシリンダーヘッド温度が非常に高くなっていることに気づいた。そして、我々は着陸後に下側のシリンダーのひとつが冷却フィンに損傷を受けていたことを知った。さらに、0.25インチ（6.35㎜）口径の弾丸1発が右のドロップタンクに穴を開け、他にも数ヵ所に小口径の命中弾が当たっていたこともわかった。この出撃は我々にとっては成功だったが、もし我々が空冷エンジンでなく液冷エンジンを装備していたなら、そうはならなかっただろう！」

季節が夏に移る頃には日本本土への攻撃は激しさを増した。戦争のこの段階では、日本帝国海軍は完全に壊滅させられており、中国戦線の地上軍は増援部隊も補給物資も欠乏していた。このため連合軍は、依然としてかなりの戦力を有していた敵を弱体化させて降伏に追い込むことができた。身体的にも力を失っていた日本軍は特に中国軍の手によって一連の敗北を喫していたのである。

戦争がついに終わった時、第426夜間戦闘飛行隊はすべての分遣隊を昆明に戻すように命令された。そして、9月18日に飛行隊の将兵は輸送機に乗せられてインドへと戻った。故郷に向かう長い船旅の後、彼らはキャンプ・キルマーに到着し、そこで1945年11月5日に公式に解隊された。

一方、第427夜間戦闘飛行隊は戦時に他の飛行隊ができなかったようなことを達成していた。それは4つの戦域で戦闘に参加したことである。すなわちイタリア、北ビルマ、中国、中央ビルマである。この部隊は第426夜間戦闘飛行隊よりも先に船旅を始め、1945年10月29日には解隊された。

この両部隊は、その短い存在期間の間に第二次世界大戦中の他のどの夜間戦闘飛行隊よりも広い地域を守備した。CBI戦域における最も劣悪な環境で作戦をしながら、この戦域の主要な飛行場の守備を成し遂げ、その過程で一握りの日本軍機を撃墜することにも成功した。また、両飛行隊とも夜間敵地侵入任務を行うことで最終的な勝利に重要な貢献をしたのであった。

訳注
※16：「こぶ」という意味で、連合軍兵士がヒマラヤ山脈に付けたあだ名。燃料の輸送にはB-29も使用された。
※17：I'll get By。「俺は何とか切り抜けてやるぜ」というような意味。1944年にアメリカで同名の曲がヒットしている。
※18：ビルマから中国へ向かう幹線路の起点となる町。

付録
appendices

P-61の公認撃墜戦果

■第6夜間戦闘飛行隊（16機撃墜）

ハバーマン/ムーニー	「ムーンハッピー」	一式陸攻4機
イートン/ケッチャム	「ジャップ・バッティ」	一式陸攻2機
マクカンバー/ヒンツ	「ミッドナイト・ミッキー」	一式陸攻2機
トーマス/エーカー	「スリーピータイム・ギャル」	一式陸攻2機
エヴェアンズ/デヴィータ		一式陸攻2機
ハンセン/ウォラス		一式陸攻1機
クラムリー/デスクロズ		一式陸攻1機
ファーガソン/ウォード	「ザ・ヴァージン・ウィドウ」	一式陸攻1機
ジュピラ/ボルヘス		銀河1機

■第414夜間戦闘飛行隊（5機撃墜）

ジョーンズ/ルドフスキー	Me410 1機
	Ju88 1機
	Ju87 1機
グッドリッチ/レーンズ	Ju88 1機
グリーンフィールド/スワーツ	Ju52 1機

■第415夜間戦闘飛行隊（P-61では撃墜0）

■第416夜間戦闘飛行隊（P-61では撃墜0）

■第417夜間戦闘飛行隊（P-61では撃墜0）

■第418夜間戦闘飛行隊（18機撃墜）

スミス/ポーター	「タイムズ・ア・ウェイスティン」	月光2機
		四式戦1機
		百式司偵1機
		二式水戦1機
トンプキンズ/ワーティン		三式戦2機
		水上機1機
ソーボ/カーステット		零式水偵2機
		九九式艦爆1機
マックィーン/ゴードン		中島DC-2 2機
グリフィス/ビッグラー		一式陸攻1機
ウィッターン/クレイン		中島DC-2 1機
ロス/デュースマン		一式陸攻1機
リッチー/ワーティン		三式戦1機
エリングス/バーマン		二式水戦1機

■第419夜間戦闘飛行隊（5機撃墜）

ルーカス/ブランケンシップ	九七式重爆1機
シュロス/ジェイムズ	百式司偵1機
デザート/トンプソン	百式司偵1機
レヴィット/カーン	一式陸攻1機
マイケルズ/モーガン	二式複戦1機

■第421夜間戦闘飛行隊（13機撃墜）

ウルフ/アレン	「ダム・ド・ラ・ニュイ」	零戦3機
		九七式重爆1機
ビョーラム/ウィリアムズ		一式陸攻1機

		百式司偵1機
ロッカード/ソーントン		三式戦2機
パールカ/ハルゼー		百式重爆1機
ジョーンズ/ウッドリング		四式戦1機
スミス/ブレナー		零戦1機
ピュー/カットシャル		零戦1機
レミントン/ボーズ		一式陸攻1機

■第422夜間戦闘飛行隊（43機撃墜）

アーンスト/コップセル	「ボロウド・タイム」	Ju87 3機
		Ju88 1機
		Bf110 1機
スミス/ティアニー	「レディ・ジェーン」	Ju188 2機
		Me410 1機
		Ju88 1機
		He111 1機
アクステル/オーゼル※	「バトル・アクス」	Ju188 2機
		Ju52 2機
		Ju88 1機
エルモア/メイプス	「シュー・シュー・ベイビー」	Ju52 2機
		Bf110 1機
		Ju88 1機
ボーリンダー/グラハム	「ダブル・トラブル」	He111 2機
		Bf110 1機
		Fw190 1機
ゴードン/クルー		Ju88 1機
		Ju52 1機
ゴードン/モリソン		Ju188 1機
J・アンダーソン/モーガン	「テネシー・リッジランナー」	Ju88 2機
R・アンダーソン/モーリス		He111 1機
		Ju88 1機
R・アンダーソン/グラハム		Do217 1機
O・ジョンソン/モンゴメリー	「ノーラヴ・ノーナッシング」	Fw190 1機
		Ju88 1機
ローメンズ/モリン		Ju88 1機
バールソン/モナハン		Bf110 1機
スペリス/エレフサリオン	「ケイティ・ザ・キッド」	Bf110 1機
		Ju88 1機
ケーラー/ポスト	「スリーピータイム・ギャル」	Do217 2機
T・ジョーンズ/アダムズ		Fw190 1機
		Ju52 1機
バーネット/ブラント		Ju52 1機
メリマン/ドュー		Ju52 1機

■第425夜間戦闘飛行隊（10機撃墜）

オームズビー/ハワートン		Do217 1機
		Bf110 1機
		Ju88 1機
アンドリューズ/クラインハイツ		Ju 88 2機
スレイトン/フェリス		Bf110 1機
スレイトン/ロビンソン		Ju88 1機
サータノウィズ/ヴァン・シッケル		Ju87 1機
ステイシー/メイソン		Ju88 1機
グレー/ロビンソン		Ju188 1機

■第426夜間戦闘飛行隊（5機撃墜）

エイブスマイアー/スミス	「ジンボウ・ジョイライド」	九九式双軽2機

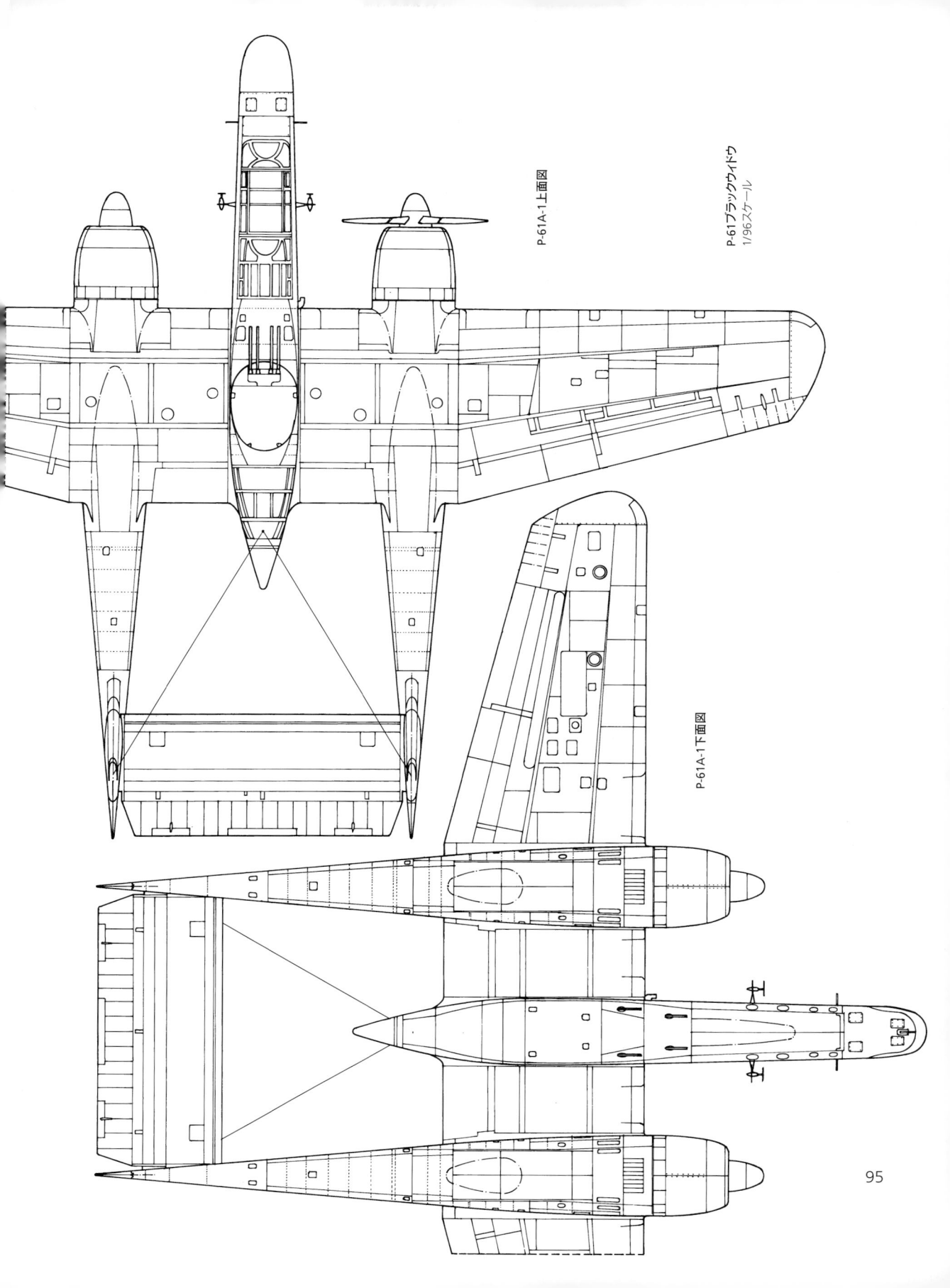

P-61ブラックウィドウ
1/96スケール

P-61A-1上面図

P-61A-1下面図

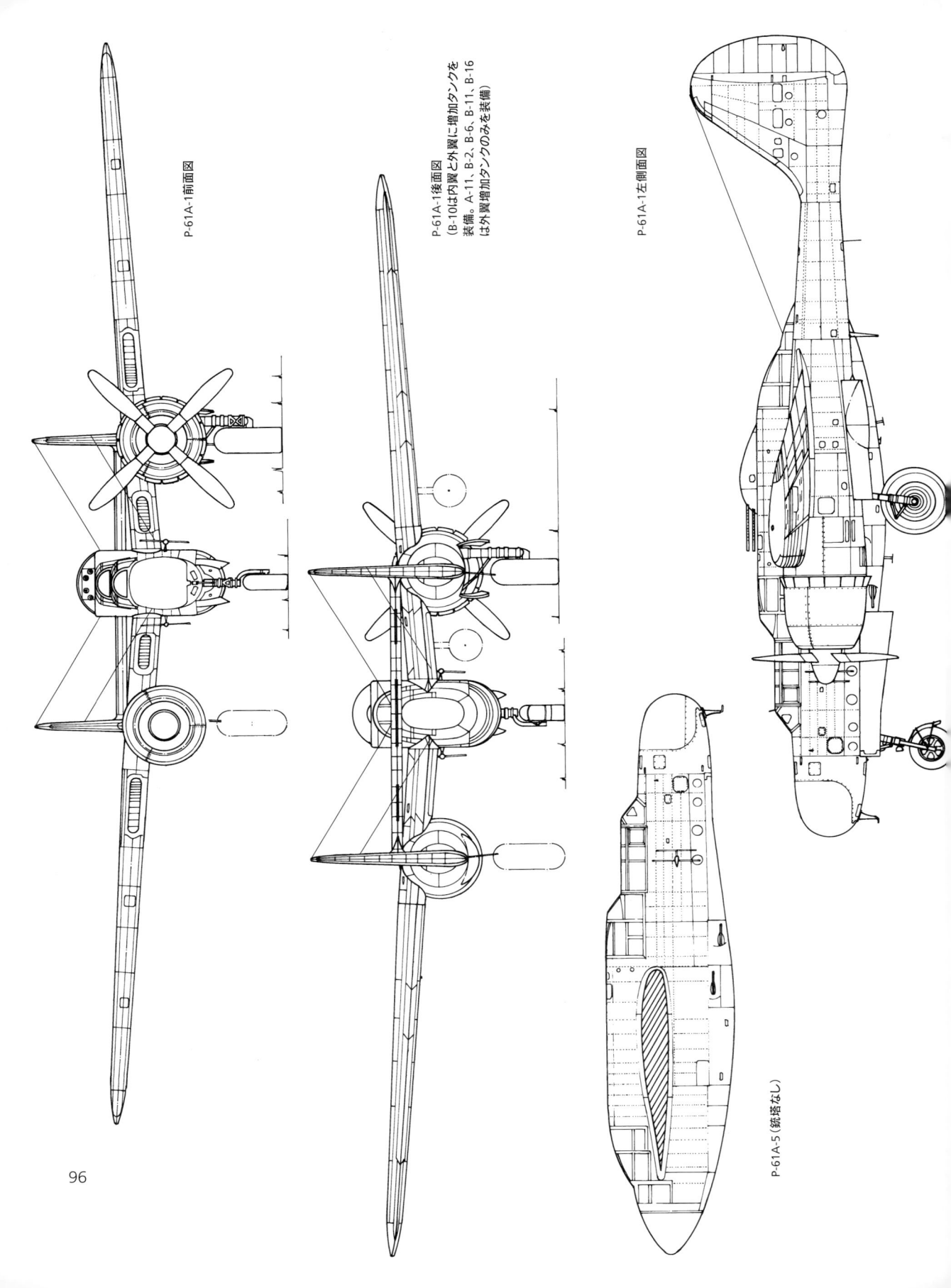

P-61A-1前面図

P-61A-1後面図
(B-10は内翼と外翼に増加タンクを装備。A-11、B-2、B-6、B-11、B-16は外翼増加タンクのみを装備)

P-61A-1左側面図

P-61A-5（銃塔なし）

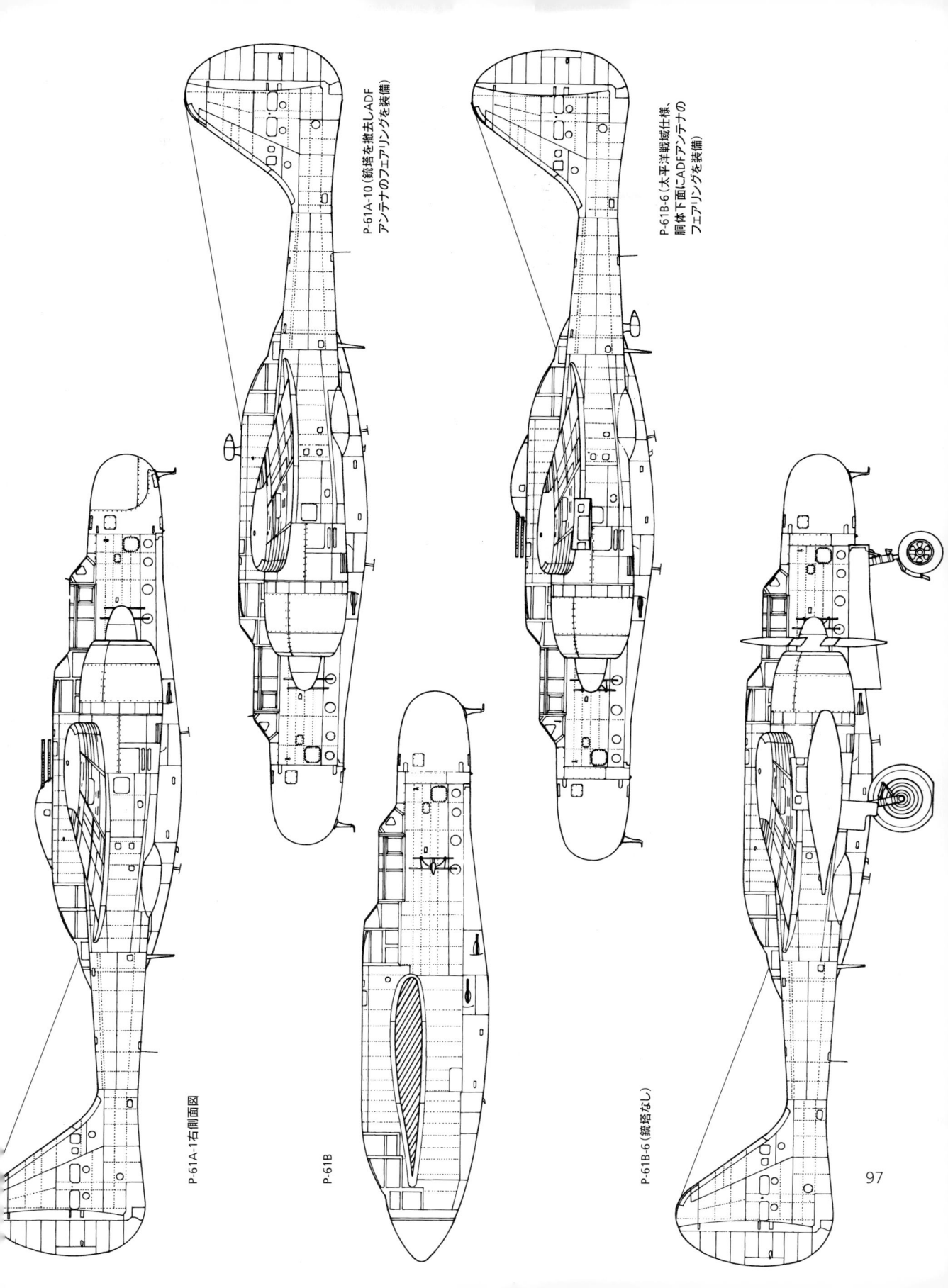

P-61A-10（銃塔を撤去しADFアンテナのフェアリングを装備）

P-61B-6（太平洋戦域仕様、胴体下面にADFアンテナのフェアリングを装備）

P-61A-1 右側面図

P-61B

P-61B-6（銃塔なし）

97

ウィルフォング/アシュリー	「アイル・ゲット・バイ」	百式司偵1機
ハイズ/ブロック		九九式双軽1機
スコット/フィリップス	「メリー・ウィドウ」	九九式双軽1機

■第427夜間戦闘飛行隊（P-61では撃墜0）

■第547夜間戦闘飛行隊（6機撃墜）

バーク/ラックス	「スウィング・シフト・スキッパー」	一式陸攻2機
シュライバー/ラックス		中島DC-2 1機
ブラックマン/ハーパー		中島DC-2 1機
オークス/ジャクミン		中島DC-2 1機
アニス/デッツ		零戦三二型1機

■第548夜間戦闘飛行隊（5機撃墜）

シェパード/シューレンバーガー	「ミッドナイト・ミス」	二式戦1機
デイムズ/ダンドレア	「バット・アウタ・ヘル」	二式水戦1機
ブラッドフォード/ラント	「ミッドナイト・マッドネス」	一式陸攻1機
バートラム/フェアウォーター	「ハンガー・リル」	一式陸攻1機
シュルツ/ヒル		一式陸攻1機

■第549夜間戦闘飛行隊（1機撃墜）

ジェンドロー/チャピネリ		一式陸攻1機

■第550夜間戦闘飛行隊（P-61では撃墜0）
※アクステル中尉の撃墜戦果はオーゼル少尉以外のレーダー手とペアを組んで撃墜したものが含まれる。

ノーズアート集
nose art

1
P-61A-1　42-5524　「ミッドナイト・ミッキー」　ミルリー・マッカンバー少尉、ダニエル・ヒンツ准尉（レーダー手）、ピーター・ダカニッツ二等兵（銃手）　第6夜間戦闘飛行隊　サイパン　1944年中頃

2
P-61A-1　42-5528　「ジャップ・バッティ」　フランシス・イートン中尉、ジェイムズ・ケッチャム少尉（レーダー手）、ウィリアム・アンダーソン等曹長（銃手）　第6夜間戦闘飛行隊　サイパン　1944年11月

3
P-61A-1　42-5502　「スキッピー」・デイヴィッド・コーツ中尉、アレクサンダー・バーグ中尉（レーダー手）　第421夜間戦闘飛行隊　レイテ島　タクロバン飛行場　1944年後半

4
P-61A-5　42-5547　「ボロウド・タイム」　ハーマン・E・アーンスト中尉、エドワード・H・コップセル少尉（レーダー手）　第422夜間戦闘飛行隊　イングランド　フォード基地　1944年7月

5
P-61A-5　42-5564　「ジューキン・ジュディ」　ユージン・リー中尉、ドナルド・ドイル中尉（レーダー手）　第422夜間戦闘飛行隊　フランス　エタン基地、1944年末

6
P-61A-5　42-5544　「レディ・ジェーン」　ポール・A・スミス中尉、ロバート・ティアニー中尉（レーダー手）　第422夜間戦闘飛行隊　ベルギー　フロレンヌ基地　1944年12月末

7
P-61A-1　42-5526　「ナイティー・ミッション」　第6夜間戦闘飛行隊　サイパン　1944年中頃

8
P-61A-1　42-5527　「ムーンハッピー」　デール・「ハップ」・ハバーマン中尉、レイモンド・P・ムーニー少尉（レーダー手）、パット・フェアリー二等兵（銃手）　第6夜間戦闘飛行隊　サイパン　1944年末

9
P-61A-5　42-5554　「ザ・ヴァージン・ウィドウ」　ロバート・ファーガソン中尉、チャールズ・ウォード中尉（レーダー手）、リロイ・ミオッジ軍曹（銃手）　第6夜間戦闘飛行隊　サイパン　1944年12月末

10
P-61A-10　42-5598　「スリーピー・タイム・ギャルⅡ」　アーネスト・R・トーマス中尉、ジョン・P・エーカー少尉（レーダー手）　第6夜間戦闘飛行隊　サイパン　1945年初め

11
P-61A-10　42-5565　「ダブル・トラブル」　ロバート・G・ボーリンダー中尉、ロバート・G・グラハム少尉（レーダー手）　第422夜間戦闘飛行隊　フランス　エタン基地　1944年末

12
P-61B-15　42-39672　「リトル・オードリー」　第422夜間戦闘飛行隊　フランス　エタン基地　1944年末

13
P-61A-10　42-5576　「スリーピー・タイム・ギャル」　第425夜間戦闘飛行隊　フランス　クーロミエ基地　1944年秋

14
P-61A-10　42-5580　「ウォバシュ・キャノンボールⅣ」　レオン・G・ルイス中佐（飛行隊指揮官）、カール・W・スーキアン中尉（飛行隊先任レーダー手）　第425夜間戦闘飛行隊　フランス　クーロミエ基地　1944年秋

15
P-61A-10　42-5569　「タバサ」　ブルース・ヘフリン中尉、ウィリアム・B・ブローチ准尉（レーダー手）　第425夜間戦闘飛行隊　フランス、ヴァンヌ基地　1944年10月

16
P-61A-10　42-5616　「メリー・ウィドウ」　ロバート・R・スコット大尉、チャールズ・W・フィリップス准尉（レーダー手）　第426夜間戦闘飛行隊　中国　昆明基地　1944年10月末

17
P-61A-10　42-5619　「サタン13」　ジョン・ペンバートン大尉、チャールズ・W・フィリップス准尉（レーダー手）、P・D・キュラン機関士　第426夜間戦闘飛行隊　中国　昆明基地（およびその他の前進基地）　1944年末

18
P-61A-10　42-39365　「ブラック・ジャック」　グレン・E・ジャクソン中尉　第426夜間戦闘飛行隊　中国　成都基地　1944年末

19
P-61A-10　42-5626　「ジンボー・ジョイライド」　カール・J・エイブスマイアー大尉、ジェイムズ・R・スミス中尉（レーダー手）　第426夜間戦闘飛行隊　中国　成都基地　1945年2月

20
P-61B-10　42-39417　「ザ・グレート・スペックルド・バード」　ディック・フーバー中尉（飛行隊整備士官）、アール・R・ディッキー中尉（飛行隊先任レーダー手）　第416夜間戦闘飛行隊　オーストリア　ホルシング基地　1945年6月

21
P-61A-10　42-5591　「インペイシャント・ウィドウ」　第422夜間戦闘飛行隊　フランス　エタン基地　1944年末

22
P-61A-5　42-5534　「シュー・シュー・ベイビー」　ロバート・O・エルモア中尉、レナード・F・メイプス中尉（レーダー手）　第422夜間戦闘飛行隊　フランス　シャトーダン基地　1944年秋

23
P-61A-10　42-5573　「ラブリー・レディ」　ドナルド・ショウ中尉
第422夜間戦闘飛行隊　フランス　エタン基地　1944年末

24
P-61A-10　42-5615　「アイル・ゲット・バイ」　ジョン・J・ウィルフォング大尉　グレン・E・アシュリー少尉（レーダー手）
第426夜間戦闘飛行隊　中国　昆明基地　1944年11月

25
P-61B-6　42-39514　「ヘルン・バック」　第416夜間戦闘飛行隊
オーストリア　ホルシング基地　1945年6月

26
P-61B-2　42-39408　「レディ・イン・ザ・ダーク」　ソル・ソロモン大尉、ジョン・シャーラー中尉（レーダー手）
第548夜間戦闘飛行隊　硫黄島　1945年春

27
P-61B-1　42-39450　フィル・ハンス中尉、「ドク」・ホロウェイ中尉（レーダー手）、ドン・クランシー軍曹（銃手）　第419夜間戦闘飛行隊　フィリピン　ミンダナオ島ザンボアンガ基地　1945年初め

28
P-61B-6　42-39527　「ブラインド・デイト」　ミルトン・グリーン中尉　第549夜間戦闘飛行隊　硫黄島　1945年初め

29
P-61A-10　42-5623　「スウェッティン・ウォリー」　ウォルター・A・ストーク大尉　第427夜間戦闘飛行隊
ビルマ　ミートキーナ基地　1944年末

30
P-61B-2　42-39454　「クーパーズ・スヌーパー」　ジョージ・C・クーパー中尉　第548夜間戦闘飛行隊　硫黄島　1945年春

31
P-61B-2　42-39440　「スウィング・シフト・スキッパー」　アーサー・D・ボーグ中尉、ボニー・B・ラックス少尉（レーダー手）が搭乗
第547夜間戦闘飛行隊
フィリピン　ルソン島リンガエン基地　1945年2月

32
P-61B-6　42-39504　「ミッドナイト・マドンナ」　ドナルド・W・ワイチライン中尉、フランク・L・ウィリアムズ中尉　第549夜間戦闘飛行隊　サイパン基地　1945年初め

33
P-61B-6　42-39525　「ナイト・テイクオフ」
第548夜間戦闘飛行隊　硫黄島　1945年春

34
P-61A-11　42-5609　「バット・アウタ・ヘル」　ビル・デイムズ大尉（飛行作戦士官）、EP・ダンドレア少尉（レーダー手）、RC・ライダー軍曹（銃手）　第548夜間戦闘飛行隊
ハワイ　キパパ・ガルチ基地　1944年10月

35
P-61B-1　42-39405　「ビクトリー・モデル／アノニマスⅢ／ザ・スプーク」　メルヴィン・ボード中尉、エイブリー・J・ミラー中尉（レーダー手）　第548夜間戦闘飛行隊　硫黄島　1945年春

36
P-61A-11　42-5610　「ミッドナイト・マッドネス」　ジェイムズ・W・ブラッドフォード大尉、ラリー・ラント中尉（レーダー手）、リーノー・スコーニ等曹長（銃手）
第548夜間戦闘飛行隊　硫黄島　1945年4月

37
P-61B-2　42-39428　「アワー・パンサー」　フレッド・M・クーケンデール少尉、チャールズ・H・ラウズ准尉（レーダー手）、ジョージ・バンクロフト伍長（銃手）
第548夜間戦闘飛行隊　伊江島　1945年春

アーティストの横顔――リロイ・F・ミオッジ軍曹（銃手）、第6夜間戦闘飛行隊（取材：マーク・スタイリング）

本書のカラー頁に掲載されているノーズアートのうち、リロイ・F・ミオッジが描いた「作品」は図版1、2、7、8、9、と26である。彼は方眼を用いる古典的な技法によりチョークでスケッチを拡大してノーズアートの絵を製作した。そのチョークはいつもは作戦の詳細を発表する際に担当の要員が使うものだった。ミオッジは6インチ（152mm）四方の方眼を描き、彼のオリジナルスケッチの0.5インチ（12.7mm）四方の方眼を拡大した。この技法で彼は当時アメリカ陸軍航空隊の搭乗員に大変人気があったピンナップ・アートを正確に複製することができた。ミオッジは手に入る塗料は何でも使い、家族から送ってもらった筆でノーズアートを創作したのである。サイパン島で入手可能だった基本的な色は赤、青、黄、それに黒と白だった。ミオッジはこれらの色を混ぜ合わせて色数を増やした。たとえば、肌色を作るためには、赤に白を混ぜたのである。彼は駐機場で作業をおこなったため、必要な高さを得るために踏み台を使った。また、ひとつのノーズアートを完成させるのに4～6時間かかったので、熱帯の日射しから自らを守るために天幕を張った。というのも、部隊の司令部はノーズアートを描くなどという些末な作業のためにハンガーを使用することを許可しなかったのである。彼は色で陰影をつけるよりもむしろ、単色で塗りつぶして黒で縁どりをし、漫画（カートゥーン）のようにした。さらに少量の黒で影をつけ加えて絵を完成させた。最後にミオッジは、ノーズアートのプロフェッショナルとしての完成度を最高にするために、色々な書体を忠実に再現した。彼の仕事には大きな需要があり、ミオッジの労力には報酬が支払われた。報酬は下はバーボンのボトル1本から上はB-29のノーズアートの100ドルまであった。ボーイング爆撃機の搭乗員は彼に仕事を請け負ってもらうためにひとり10ドルずつを出し合ったのである！　戦後、ミオッジは宝飾デザイナーとなり、彼の作品はティファニーやその他の一流のファッションハウスで扱われた。リロイ・ミオッジは54年前に使った色を思い出して、本書に掲載されているノーズアートが彼のオリジナルを忠実に再現しているかどうかを確かめてくれた。過ぎ去った年月にもかかわらず彼の記憶は鮮明で、「ムーンハッピー」のスカートの上に描かれた宝石は明るい黄色だったと、まだ記憶していたのである！

カラー塗装図　解説
colour plates

1
P-61A-1　42-5524　「ミッドナイト・ミッキー」　ミルリー・マクカンバー少尉、ダニエル・ヒンツ准尉（レーダー手）、ピーター・ダカニッツ二等兵（銃手）　第6夜間戦闘飛行隊
サイパン　1944年中頃

オリーヴドラブの塗装からわかるように、ノースロップ社が初期に生産したA型の1機である。この機体に搭乗したクルーは、この機体で撃墜確実2機（両機とも一式陸攻）を公認されている。機体のレドーム下部は、レーダーが地上からの干渉波（クラッター）を拾うレベルを下げるため、大雑把に灰色の鉛入り塗料が塗られている。初期のP-61A-1のほとんどは同様な塗装がされていた。方向舵の緑色が胴体よりも濃いのは、操舵翼に塗られたオリーヴドラブの退色が他の部分よりも遅かったためである。[訳注：操舵翼は羽布張りだった]

2
P-61A-1　42-5526　「ナイティー・ミッション」
第6夜間戦闘飛行隊　サイパン　1944年中頃

この機体は、どの戦域で使用されたP-61Aにも劣らない入念な塗装が施されている。アートワークは銃手であるL・F・ミオッジ軍曹による。この機体は第6夜間戦闘飛行隊に支給された少数のオリーヴドラブ塗装の機体の1機で、この機体もレドーム下部に灰色の帯状塗装が加えられている。

3
P-61A-1　42-5528　「ジャップ・バッティ」　フランシス・イートン中尉、ジェイムズ・ケッチャム少尉（レーダー手）、ウィリアム・アンダーソン一等曹長（銃手）　第6夜間戦闘飛行隊
サイパン　1944年11月

この生産初期のP-61A-1は1944年5月にハワイのジョン・ロジャーズ基地で第6夜間戦闘飛行隊に引き渡された。この機体はわずか45機しか生産されなかったA-1の最後から2番目に生産された機体である。

4
P-61A-1　42-5527　「ムーンハッピー」　デール・「ハップ」・ハバーマン中尉、レイモンド・P・ムーニー少尉（レーダー手）、パット・フェアリー二等兵（銃手）　第6夜間戦闘飛行隊
サイパン　1944年末

このP-61は搭乗員が4機の撃墜確実を報じ、第6夜間戦闘飛行隊で最高の戦果をあげた機体となった。この頁の上の機体と同じく、42-5527は45機が生産されたA-1の1機である。これもアートワークは、レロイ・ミオッジ軍曹によるものである。

5
P-61A-5　42-5554　「ザ・ヴァージン・ウィドウ」　ロバート・ファーガソン中尉、チャールズ・ウォード中尉（レーダー手）、リロイ・ミオッジ軍曹（銃手）　第6夜間戦闘飛行隊
サイパン　1944年12月末

この機体は第6夜間戦闘飛行隊が使用した最初の全面黒塗装のP-61の1機であることからP-61A-5だとわかる。「ダッシュ5」は第2期生産分で、35機が生産された。上部銃塔は飛行中に回転させると震動（バフェッティング）が起こることと新鋭のB-29に装備する銃塔の需要のために、P-61の初期生産機では取り外されている。しかし、太平洋に展開した部隊は12.7mm機銃4門を胴体上部のフレームに前方に向けて固定して、標準の銃塔と同じカバーで覆い、結果として初期の銃塔装備の機体と同じ武装配置になった。1944年12月26日夜にこの機体で一式陸攻を撃墜した後、ミオッジは「VIRGIN」の文字の上に線を引き、サクランボの房をノーズアートの両側に描き加えた。

6
P-61A-1　42-5502　「スキッピー」・デイヴィッド・コーツ中尉、アレクサンダー・バーグ中尉（レーダー手）　第421夜間戦闘飛行隊
レイテ島　タクロバン飛行場　1944年後半

この搭乗員と機体は第421夜間戦闘飛行隊最初の戦果をあげたことが記録されている。しかも、1発も撃たずに敵を落としたのである！

7
P-61A-5　42-5543　「テネシー・リッジランナー」　ジョン・W・アンダーソン中尉、ジェイムズ・W・モーガン少尉（レーダー手）　第422夜間戦闘飛行隊　フランス　シャトーダン基地　1944年秋

この機体はそのパイロット、ジョン・W・アンダーソン中尉によって命名された。彼はテネシー州東部の山岳地帯出身だった。彼はモーガン少尉と組んで1944年12月24/25日の夜にJu88、2機を撃墜した。垂直尾翼と主翼の前縁に防氷用ブーツがつけ加えられていることと、インヴェイジョン・ストライプが描かれていないことに注目。夜間戦闘機はこの視認性の高いマーキングをつけることを特別に免除されていた。

8
P-61A-5　42-5534　「シュー・シュー・ベイビー」　ロバート・O・エルモア中尉、レナード・F・メイプス中尉（レーダー手）　第422夜間戦闘飛行隊　フランス　シャトーダン基地　1944年秋

このP-61A-5は西ヨーロッパにおいて最も戦果をあげた夜空の狩人の1機だった。搭乗員はこの機体で有人ドイツ軍機4機の撃墜確実を記録したのである。その戦果はBf110、1機、Ju88、1機、Ju52、2機そしてV-1、1機だった。この機体は後に全面グロスブラックに再度吹き付け塗装された。ノーズアート集のイラストはその状態を示している。

9
P-61A-10　42-5598　「スリーピー・タイム・ギャルⅡ」　アーネスト・R・トーマス中尉、ジョン・P・エーカー少尉（レーダー手）
第6夜間戦闘飛行隊　サイパン　1945年初め

この機体は初めてP-61A-10が第6夜間戦闘飛行隊に配備された頃の1機である。ノースロップ社はA型の「ダッシュ10」を100機生産した。この機体を愛機とした搭乗員は撃墜確実2機を記録し、第6夜間戦闘飛行隊がP-61を使用した期間に記録した計16機の撃墜戦果に貢献した。ほとんどのブラックウィドウ装備部隊に「スリーピー・タイム・ギャル」と名づけられた機体が1機あった。

10

P-61A-5　42-5544　「レディ・ジェーン」　ポール・A・スミス中尉、ロバート・ティアニー中尉（レーダー手）　第422夜間戦闘飛行隊　ベルギー　フロレンヌ基地　1944年12月末

「ダッシュ5」は第422夜間戦闘飛行隊と第425夜間戦闘飛行隊に供給された最初のP-61で、続いてすぐに「ダッシュ10」が供給された。しかし、ヨーロッパ戦域で空中戦の戦果の大部分を記録したのは、「ダッシュ5」だった。この機体はその典型で、搭乗員はエースになった。ブラックウィドウでエースの地位を手に入れた4組の搭乗員のうち、3組は第422夜間戦闘飛行隊の所属だった。「レディ・ジェーン」が1945年になってもオリーヴドラブの迷彩をしていたことが、この塗装図でやっと正確に描かれた。

11

P-61B-6　42-39514　「ヘルン・バック」　第416夜間戦闘飛行隊　オーストリア　ホルシング基地　1945年6月

47機前後のB型「ダッシュ6」が生産され、すべてではないにせよ、そのほとんどが地中海戦域の夜間戦闘飛行隊に配備された。この機体は第416夜間戦闘飛行隊に配備された。それまで飛行隊が装備していたモスキートからの機種変換だったが、最初のP-61が届いたのは戦争が残り数週間になってからだった。P-61A-11と同様に、B-2、B-6、B-11は外翼にパイロンがあり外部燃料タンクか爆弾を装備することができた。B-10にはエンジンから内側の翼下面にパイロンがもうひとつあり、その改修は前線で行われた。

12

P-61B-10　42-39417　「ザ・グレート・スペックルド・バード」　ディック・フーバー中尉（飛行隊整備士官）、アール・R・ディッキー中尉（飛行隊先任レーダー手）　第416夜間戦闘飛行隊　オーストリア　ホルシング基地　1945年6月

この派手な塗装の機体はヨーロッパ戦勝利の直後に第416夜間戦闘飛行隊に配備され、この部隊はモスキートNF30からP-61B-1（生産はわずか62機）に機種変換した。連合軍がヨーロッパを占領した最初の数カ月間、この部隊はほとんどの飛行任務をホルシング基地から行った。

13

P-61B-15　42-39606　「リル・アブナー」　アルヴィン・G・ムーア中尉、ジュアン・D・ルージャン中尉（レーダー手）　第415夜間戦闘飛行隊　フランス　サン・ディジエ　1945年3月

この機体は短期間に2つの部隊に所属した。最初は1945年3月に第415夜間戦闘飛行隊に配備され、ヨーロッパ戦勝利後に第417夜間戦闘飛行隊に移管された。B-15ではふたたびA-4型銃塔が搭載されていた。

14

P-61A-10　42-5565　「ダブル・トラブル」　ロバート・G・ボーリンダー中尉、ロバート・G・グラハム少尉（レーダー手）　第422夜間戦闘飛行隊　フランス　エタン基地　1944年末

この機体は100機生産されたA-10のうち、ごく初期に生産された機体である。

15

P-61A-5　42-5564　「ジューキン・ジュディ」　ユージン・リー中尉、ドナルド・ドイル中尉（レーダー手）　第422夜間戦闘飛行隊　フランス　エタン基地、1944年末

第422夜間戦闘飛行隊がイングランドのスコートンを基地としている時期に配備された機体。このP-61A-5はカリフォルニアのノースロップ社の生産ラインを35番目に、そして最後に出た「ダッシュ5」だった。ほとんどの初期のA-5は銃塔を装備しており、太平洋の部隊へ支給された。

16

P-61B-6　42-39533　「マーキー／ヘイズ・レディ」　第417夜間戦闘飛行隊　ドイツ　ギーベルシュタット基地およびブラウンシャルト基地　1945年6月

第417夜間戦闘飛行隊は戦争終結までボーファイターⅥ型およびⅧ型を装備していたが、終戦直後にP-61B-6に機種変換した。この部隊のブラックウィドウは1945年の夏のほとんどの間、決まりきった哨戒任務のために使用された。この機体はノースロップ社の労働者がアメリカ陸軍航空隊のために買い取って献納した2機のうちの1機で、その労働者のひとりが「ヘイズ・レディ」という名前を選んだのである。

17

P-61B-15　42-39672　「リトル・オードリー」　第422夜間戦闘飛行隊　フランス　エタン基地　1944年末

このP-61B-15は第422飛行隊が前線に近いフランスに移動した後に、実際に部隊に支給された少ない損失補充だった。また、「リトル・オードリー」はノーズアートが描かれている点でも珍しかった。この飛行隊のほとんどのP-61には名前だけが書かれていたのである。

18

P-61A-10　42-5591　「インペイシャント・ウィドウ」　第422夜間戦闘飛行隊　フランス　エタン基地　1944年末

このP-61はノルマンディ侵攻作戦の直後にイングランドの第422夜間戦闘飛行隊に配備されるために送られた第2陣のP-61の1機である。この機体はフランス上空でドイツ軍夜間戦闘機と衝突して大きく損傷し、左のエンジンが停止した。その結果、緊急着陸したのだが、その途中で前脚が引き込んでしまい、その後数日間は飛行不能だった。［訳注：impatientは「気短な」「せっかちな」などの意味］

19

P-61A-10　42-5573　「ラヴリー・レディ」　ドナルド・ショウ中尉　第422夜間戦闘飛行隊　フランス　エタン基地　1944年末

この機体は生産ラインを8番目に出た「ダッシュ10」で、同期生産分の大半と同様にヨーロッパ戦域に送られた（主に第422夜間戦闘飛行隊と第425夜間戦闘飛行隊に配備された）。「ラヴリー・レディ」は2機撃墜を記録して戦争を終えた。

20

P-61B-1　42-39450　フィル・ハンス中尉、「ドク」・ホロウェイ中尉（レーダー手）、ドン・クランシー軍曹（銃手）　第419夜間戦闘飛行隊　フィリピン　ミンダナオ島ザンボアンガ基地　1945年初め

第419飛行隊はノーズアートに関しては同時期の他の部隊よりもずっと保守的で個人マークは女の子の名前だけに限定した。このP-61B-1はそのルールに対する例外で、名前はなく、代わりに女性の姿をかたどったアートワークが描かれている。

21
P-61A-10　42-5580　「ウォバシュ・キャノンボールIV」　レオン・G・ルイス中佐(飛行隊指揮官)、カール・W・スーキキアン中尉(飛行隊先任レーダー手)　第425夜間戦闘飛行隊
フランス　クーロミエ基地　1944年秋
このP-61A-10は1944年6月末にイングランドに到着すると、すぐに第425夜間戦闘飛行隊指揮官のレオン・「ギリー」・ルイス中佐が彼の愛機として求めた。

22
P-61A-10　42-5576　「スリーピー・タイム・ギャル」
第425夜間戦闘飛行隊　フランス　クーロミエ基地　1944年秋
「オーヴァーロード」作戦[訳注:ノルマンディ上陸作戦]の直後に第425夜間戦闘飛行隊が受領した他の「ダッシュ5」や「ダッシュ10」と同様に、この機体も主翼と胴体下面にインヴェイジョンストライプを付けている。

23
P-61A-10　42-5569　「タバサ」　ブルース・ヘフリン中尉
ウィリアム・B・ブローチ准尉(レーダー手)
第425夜間戦闘飛行隊　フランス　ヴァンヌ基地　1944年10月
この機体は第425夜間戦闘飛行隊のP-61では最高のノーズアートを描いていたといえるだろう。その結果、この部隊で最も多くの写真を撮られたブラックウィドウとなる。残念なことに、この機体は1944年10月24日に搭乗員とともに失われた。

24
P-61A-10　42-5615　「アイル・ゲット・バイ」　ジョン・J・ウィルフォング大尉、グレン・E・アシュリー少尉(レーダー手)
第426夜間戦闘飛行隊　中国　昆明基地　1944年11月
この「ダッシュ10」は1944年11月21日に1機撃墜の戦果を記録した。それは第426夜間戦闘飛行隊が最も戦果をあげた夜に報告された5機の撃墜戦果のうちの1機だった。

25
P-61A-10　42-5619　「サタン13」　ジョン・ペンバートン大尉、チャールズ・W・フィリップス准尉(レーダー手)、P・D・キュラン航空機関士　第426夜間戦闘飛行隊　中国　昆明基地(およびその他の前進基地)　1944年末
この機体は上部銃塔なしで完成した多くのA型の1機である。胴体上面にある卵形の覆いの中にはADFアンテナが収められている。この無線方向探知装置は太平洋戦域とCBI戦域のP-61に特有のものだった。この両戦域ではADFは非常に重要だった。搭乗員はしばしば、残り少ない燃料で長距離哨戒から帰還するため、基地への正確な誘導が必要だったのだ。

26
P-61A-10　42-5616　「メリー・ウィドウ」　ロバート・R・スコット大尉、チャールズ・W・フィリップス准尉(レーダー手)
第426夜間戦闘飛行隊　中国　昆明基地　1944年10月末
このP-61A-10は飛行隊で最初に敵機を撃墜したブラックウィドウとなる栄誉を得た。搭乗員が1944年10月29日に九九双軽の撃墜を報告したのである。

27
P-61B-2　42-39440　「スウィング・シフト・スキッパー」　アーサー・D・ボーグ中尉、ボニー・B・ラックス少尉(レーダー手)が搭乗
第547夜間戦闘飛行隊
フィリピン　ルソン島リンガエン基地　1945年2月
この機体は、搭乗員が一式陸攻2機の撃墜を報じて、第547夜間戦闘飛行隊がブラックウィドウを装備していた時期に最も戦果をあげた。

28
P-61A-10　42-39365　「ブラック・ジャック」　グレン・E・ジャクソン中尉　第426夜間戦闘飛行隊
中国　成都基地　1944年末
この部隊はまだインドのマダーイガンジにいる間にADFを装備したP-61を受領した。最初の機体が届いたのは1944年9月25日だった。第426夜間戦闘飛行隊は成都に司令部を置いた後、西安、昆明、梁山、安康の基地から2機あるいは3機で構成された分遣隊を作戦させた。

29
P-61A-5　42-5547　「ボロウド・タイム」　ハーマン・E・アーンスト中尉、エドワード・H・コップセル少尉(レーダー手)　第422夜間戦闘飛行隊　イングランド　フォード基地　1944年7月
この機体は「エースの地位」を手に入れた数少ないブラックウィドウの1機で、その搭乗員は有人のドイツ軍機5機とV-1、1機を撃墜している。事故によって廃棄処分になる直前の短期間、「ボロウド・タイム」には機首全体を黄色く塗った上にシャーク・ティースが描かれていた。そしてまた、前脚のホイールカバーにはヴァーガスのピンナップが飾られていた。[訳注:図では銃塔が描かれているが、20頁の写真では銃塔は搭載されていない]

30
P-61A-11　42-5610　「ミッドナイト・マッドネス」　ジェイムズ・W・ブラッドフォード大尉、ラリー・ラント中尉(レーダー手)、リーノー・スコーニ等曹長(銃手)　第548夜間戦闘飛行隊
硫黄島　1945年4月
第548夜間戦闘飛行隊は部隊のアーティストの腕前を大きな誇りとしていた。彼の作品は、第6夜間戦闘飛行隊のものに匹敵した。「ミッドナイト・マッドネス」に描かれたアートワークは、実のところ、2機の機体に描かれた。というのも、この機体(初代の「ミッドナイト・マッドネス」)は硫黄島で地上付近の濃い霧のため起きた着陸事故により破壊されたため、アーティストはP-61B-1、42-39404「ミッドナイト・マッドネスII」に同じステンシルを使ったのだ。ただし、色遣いは違っていた。

31
P-61B-2　42-39428　「アワー・パンサー」　フレド・M・クーケンデール少尉、チャールズ・H・ラウズ准尉(レーダー手)、ジョージ・バンクロフト伍長(銃手)　第548夜間戦闘飛行隊
伊江島　1945年春
この機体は38機生産された「ダッシュ2」の1機で、第548夜間戦闘飛行隊に初めてP-61が補充された際の1機である。アートワークは機種の両側にあり、ステンシルを使って描かれていた。

32

P-61B-2　42-39408　「レディ・イン・ザ・ダーク」
ソル・ソロモン大尉、ジョン・シャーラー中尉（レーダー手）
第548夜間戦闘飛行隊　硫黄島　1945年春

この機体は、おそらくすべてのP-61の中で最も有名だろう。もともとはソロモン大尉、シャーラー中尉の乗機だったが、戦争も終盤のこの頃になると搭乗員が余剰になっており、1機のP-61を複数のクルーが搭乗することになった。たとえば、ロバート・J・クライド中尉、ブルース・K・ルフォード中尉は「レディ」で戦争最後の夜に出撃し、日本軍の隼を捕捉して、海面すれすれまで追跡した。1発も撃たないうちに、敵機は海面に激突して爆発した。これが第二次世界大戦最後の撃墜だったろうとする歴史家もいる。

33

P-61B-6　42-39525　「ナイト・テイク・オフ」
第548夜間戦闘飛行隊　硫黄島　1945年春

このP-61B-6は太平洋戦域に2回目の大規模な機材の補充が行われた際の一部だった。そのほとんどは、第548夜間戦闘飛行隊ではなく、第549夜間戦闘飛行隊に配属された。［訳注：Take offには「服を脱ぐ」という意味と「離陸する」という意味がある］

34

P-61B-2　42-39454　「クーパーズ・スヌーパー」　ジョージ・C・クーパー中尉　第548夜間戦闘飛行隊　硫黄島　1945年春

このP-61は42-39525に絵を描いたのと同じアーティストによってノーズアートを描かれた。

35

P-61B-1　42-39405　「ヴィトリー・モデル／アノニマスⅢ／ザ・スプーク」　メルヴィン・ボード中尉、エイブリー・J・ミラー中尉（レーダー手）　第548夜間戦闘飛行隊　硫黄島　1945年春

42-5610と同様に、このP-61B-1も同一のノーズアートが描かれた2機の最初の1機である。両機とも、第548夜間戦闘飛行隊のメルヴィン・ボード中尉、エイブリー・J・ミラー中尉の乗機だった。

36

P-61A-11　42-5609　「バット・アウタ・ヘル」　ビル・デイムズ大尉（飛行隊作戦士官）、E・P・ダンドレア少尉（レーダー手）、R・C・ライダー軍曹（銃手）　第548夜間戦闘飛行隊
ハワイ　キパパ・ガルチ基地　1944年10月

機体は2機あった「バット・アウタ・ヘル」の初代で、キパパ・ガルチ基地で、第548夜間戦闘飛行隊としては、かなり初期にノーズアートが描かれた。この機体は後に事故で失われ、2機目のブラックウィドウに同様の、しかし若干違ったノーズアートが描かれた。

37

P-61A-10　42-5626　「ジンボー・ジョイライド」　カール・J・エイブスマイアー大尉、ジェイムズ・R・スミス中尉（レーダー手）
第426夜間戦闘飛行隊　中国　成都基地　1945年2月

このP-61A-10は2機の九九双軽を撃墜して、第426夜間戦闘飛行隊で最も戦果をあげた機体となった。「Jing Bow」は中国語で空襲の意味である。

38

P-61B-6　42-39504　「ミッドナイト・マドンナ」　ドナルド・W・ワイチライン中尉、フランク・L・ウィリアムズ中尉
第549夜間戦闘飛行隊　サイパン基地　1945年初め

第549夜間戦闘飛行隊では手の込んだノーズアートが描かれた機体はほとんどなく、この機体は例外である。

39

P-61A-10　42-5623　「スウェッティン・ウォリー」
ウォルター・A・ストーク大尉　第427夜間戦闘飛行隊
ビルマ　ミートキーナ基地　1944年末

このP-61A-10はCBI戦域の2個の飛行隊に配属されるに先立って、インドの大規模な組立施設に発送された大量の機材の一部だった。

40

P-61B-6　42-39527　「ブラインド・デイト」　ミルトン・グリーン中尉　第549夜間戦闘飛行隊　硫黄島　1945年初め

この機体は1945年3月以降、前線でのほとんどの期間を通して硫黄島から作戦活動を行った。主翼下面にロケット弾架が取り付けられていることに注目。

■裏表紙

P-61B-6　42-39532　「ファースト・ナイター」
ジョー・ジェンキンス大尉　第414夜間戦闘飛行隊
イタリア、ポンテデラ　1944年末

この機体はノースロップ社の労働者によって購入された2番目の機体で、従業員のA・A・ジョンソンによって命名された。

乗員の軍装　解説
figure plates

1
ジョン・マイヤーズ　チーフ・テストパイロット
カリフォルニア州ホーソーン　1944～1945年
ジョン・マイヤーズは1944年から1945年にかけてカリフォルニア州のノースロップ社ホーソーン工場でP-61のチーフ・テストパイロットを務めた。まったくの民間人だったが、服装は軍支給のものがほとんどである。ワンピースの軽量なオーバーオールとノド当て式マイクロフォン付きHS-38ヘッドフォン（ANB-H-1型レシーバー）もそうである。左肩にはB-8型パラシュートのバックを背負っている。赤褐色の靴も標準的なアメリカ陸軍航空隊の士官への官給品のようである。最後になるが、野球帽は民間のものである。というのも、正面にノースロップ社のロゴが縫いつけてあるのだ。

2
ジョン・W・アンダーソン中尉（パイロット）
第422夜間戦闘飛行隊　フランス　シャトーダン　1944年秋
ジョン・W・アンダーソン中尉は第422夜間戦闘飛行隊のパイロットで、1944年～1945年にはフランスのシャトーダンにいた。彼が着ているのは典型的なヨーロッパ戦線の戦闘機パイロットの服装の組合せである。すなわち、軽量なカーキ色の「ピンクス」（制服のカーキ色のズボン）とそれに揃いの開襟シャツ、さらに個人の好みで手が加えられたA-2革ジャケットである。左手に隠されているが第422飛行隊の円形パッチにも注目して欲しい。アンダーソン中尉はA-2ジャケットの上から、B-8型パラシュートのハーネスを胸にしているが、脚部のストラップはしていない。パラシュート本体はつけていないからである。彼が頭に被っているのは、大変人気があったイギリス空軍用のC型ヘルメットである。

3
レナード・F・メイプス中尉（レーダー手）
第422夜間戦闘飛行隊　フランス　シャトーダン　1944年秋
レナード・F・メイプス中尉は第422夜間戦闘飛行隊のレーダー手として1944年秋、フランスのシャトーダンにいた。彼が着ているのは標準的な官給品の「ピンクス」、赤褐色の靴、そしてB-8型パラシュートのハーネスである。この図でも、パラシュート本体はつけていない。アンダーソン中尉と同様に、彼もイギリス空軍用のC型ヘルメットを被り、アメリカ陸軍航空隊支給のA-10型マスクとポラロイド社製のB-8型ゴーグルをつけている。

4
アル・イナーラリティ中尉（レーダー手）
第425夜間戦闘飛行隊　フランス　ヴァンヌ　1944年9月
アル・イナーラリティ中尉は第425夜間戦闘飛行隊所属のレーダー手で1944年夏にはフランス、ヴァンヌ基地にいた。彼が着ているのはAN-S-31夏期飛行服で、その上にお気に入りのA-2ジャケットを着ている。シルクのスカーフを首の周りに巻いて、木綿／ウールのギャバジン製のオーバーオールで首が擦れるのを防いでいる。彼の手はB-2夏期用手袋で守られており、上半身にはB-8型パラシュートのハーネスをつけている（パラシュート本体はない）。そして最後に標準的な軍帽で制服姿が完成するのだが、軍帽は流行の「50回出撃してくたびれた」雰囲気にするために上部の形を整えるスプリングを抜いてある。

5
ジーン・B・デスクロズ少尉（レーダー手）
第6夜間戦闘飛行隊　サイパン島　1944年末
ジーン・B・デスクロズ少尉（レーダー手）は1944年から1945年にかけてサイパン島の第6夜間戦闘飛行隊に勤務していた。デスクロズ少尉はイナーラリティ中尉と似た夏季用飛行服AN-3-31Aを着ているが、より軽量の木綿の綾織り製（カーキ色）であり、熱帯の暑さにずっと適していた。S-1型救命胴衣を首に掛け、AN-H-15型ヘルメットとB-8型ゴーグルをかぶり、腰には狩猟用ナイフをつけている。そして、アメリカ陸軍補給部隊支給の標準的なブーツで彼の軍装は完成である。

6
ジェイムズ・ポストルホワイト少尉（パイロット）
第422夜間戦闘飛行隊　フランス　モーペルテュ基地（A-15）　1944年7月
ジェイムズ・ポストルホワイト少尉（パイロット）は第422夜間戦闘飛行隊に所属し、1944年7月にはフランスのモーペルテュ基地（A-15）にいた。彼はありふれたAN-3-31A（厚手の木綿／ウールのギャバジン製）を着た上にB-4型救命胴衣とB-8型パラシュートのハーネスをつけている。ただし、ここで取り上げている他の人物と違って、股間部分のハーネスを締めている。「50回出撃してヨレヨレ」風の制帽が粋な角度に位置が決まっている。

◎著者紹介 | ウォーレン・トンプソン　Warren Thompson

航空史研究家、「P-61搭乗員協会」の公式歴史家を務める。オスプレイ社から『朝鮮戦争航空戦のエース』のほか、F-86セイバー、F-80シューティングスター、F-86サンダージェットなど、朝鮮戦争の米軍用機に関する著作を発表している。

◎訳者紹介 | 苅田重賀（かんだしげよし）

1965年岡山生まれ。大阪大学文学部卒業。東京在住。

オスプレイ軍用機シリーズ37

第二次大戦のP-61ブラックウィドウ
部隊と戦歴

発行日	2003年9月7日　初版第1刷
著者	ウォーレン・トンプソン
訳者	苅田重賀
発行者	小川光二
発行所	株式会社大日本絵画
	〒101-0054 東京都千代田区神田錦町1丁目7番地
	電話：03-3294-7861
	http://www.kaiga.co.jp
編集	株式会社アートボックス
装幀・デザイン	関口八重子
印刷/製本	大日本印刷株式会社

©1998 Osprey Publishing Limited
Printed in Japan
ISBN4-499-22816-6　C0076

P-61 Black Widow Units of World War 2
Warren Thompson

First published in Great Britain in 1998,
by Osprey Publishing Ltd, Elms Court,
Chapel Way, Botley, Oxford, OX2 9LP.
All rights reserved. Japanese language translation
©2003 Dainippon Kaiga Co., Ltd.